智能光电信息处理与传输技术丛书

多带及宽带射频前端核心器件设计方法

■ 甘德成　史卫民　刘建欣　著

中国科学技术大学出版社

内容简介

本书基于广义切比雪夫滤波器函数综合理论、多模阶跃阻抗谐振器和交叉混合耦合技术,实现了双带、三带、四带微带滤波器,宽阻带、超宽带微带滤波器的设计。将多带及宽带滤波器的设计方法引入到射频功率放大器的阻抗匹配网络设计中,实现双带功率放大器的研究与设计。本书还研究了基于扩展型连续逆F类的宽带功率放大器设计、基于混合连续模式的宽带功率放大器、基于普适性合成网络倍频带宽连续类功率放大器的设计思路和方法,解决功率放大器在工作带宽与动态范围一直存在的相互制约问题。

本书内容工程应用性较强,有利于大多数通信和微波技术专业的本科生和研究生自学,亦可供电子信息工程、电子信息科学与技术、通信工程的科研工作者、管理人员和工程技术人员参考使用。

图书在版编目(CIP)数据

多带及宽带射频前端核心器件设计方法/甘德成,史卫民,刘建欣著. —合肥:中国科学技术大学出版社,2022.12

(智能光电信息处理与传输技术丛书)

ISBN 978-7-312-05524-9

Ⅰ.多… Ⅱ.①甘…②史…③刘… Ⅲ.射频电路—电路设计 Ⅳ.TN710.02

中国版本图书馆 CIP 数据核字(2022)第 183021 号

多带及宽带射频前端核心器件设计方法

DUO DAI JI KUANDAI SHEPIN QIANDUAN HEXIN QIJIAN SHEJI FANGFA

出版	中国科学技术大学出版社
	安徽省合肥市金寨路 96 号,230026
	http://press.ustc.edu.cn
印刷	安徽省瑞隆印务有限公司
发行	中国科学技术大学出版社
开本	710 mm×1000 mm 1/16
印张	10.75
插页	6
字数	211 千
版次	2022 年 12 月第 1 版
印次	2022 年 12 月第 1 次印刷
定价	68.00 元

前　言

　　微带滤波器和射频功率放大器是现代通信系统射频前端十分重要的元件。随着无线系统的不断发展,通信频段数量明显增加且系统具备向下兼容性,这意味着多带及宽带通信部件愈发重要。现代通信技术的发展日新月异,微带滤波器和功率放大器的基础理论和设计已日渐成熟。近年来,随着阵列技术的引入,无线通信部件的需求量持续激增,进一步确定了通信器件的小型化发展趋势。因此,作为发射前端的核心器件,微带滤波器及射频功率放大器正沿着多带化、宽带化及小型化的道路不断前进。为了满足通信系统多带化和集成化的要求,提高频谱资源的利用率,减小体积,降低成本和功耗,小型化多带微带滤波器、多带及宽带微带滤波器被广泛研究。

　　本书分两部分。第 1 部分基于小型化多带微带滤波器开展研究,旨在设计满足通信系统的多带化和小型化要求的滤波器,提高频谱资源利用率,减小体积,降低成本和功耗。首先,基于广义切比雪夫滤波器函数综合理论,结合多模阶跃阻抗谐振器(Stepped Impedance Resonator,SIR),利用交叉混合耦合技术,对双带、三带、四带滤波器进行研究设计。其次,基于改进的阶跃阻抗谐振器和交叉混合耦合技术对宽阻带、超宽带微带滤波器进行研究与设计。将多带滤波器的设计思想引入射频功率放大器的匹配网络设计,实现功率放大器的双频特性选择性能和带外抑制性能。第 2 部分围绕宽带射频功率放大器展开研究,旨在提升射频功率放大器的宽带调制信号能力,形成系统性设计方法,奠定高速数据传输的硬件基础。首先,深入研究连续类工作模式,揭示功率放大器电压、电流波形与转换效率的内在联系,提出阻抗空间扩展方案,进而提升宽带功率放大器设计裕度。其次,将连续类工作模式引入到 Doherty 功率放大器架构,解决功率放大器在工作带宽与动态范围一直存在的相互制约问题,形成连续类 Doherty 理论体系。

　　全书共 7 章。第 1 部分是第 1~6 章,第 2 部分是第 7 章。第 1 章是绪论,概述了射频前端核心器件微带滤波器国内外研究现状、设计方法、主要应用及其设计挑战和现代通信行业对微带滤波器的市场需求。第 2 章是双带频率变换综合,主要介绍了广义切比雪夫滤波器函数综合理论和广义切比雪夫滤波器函数双带频率变换综合方法。第3章是三带、四带微带滤波器研究与设计。主要介绍了三带、四带频率变换综合方法，三带微带滤波器与四带谐振器拓扑结构构思与实施，三带、四带滤波器的电路制作与测试等内容。第4章是宽阻带、超宽带微带滤波器的研究与设计。主要介绍了基于改进型阶跃阻抗谐振器的宽阻带微带滤波器设计和基于T形枝节阶跃阻抗器超宽带微带滤波器的设计。第5章是基于并行T形枝节匹配网络双带功率放大器的设计，将多带滤波器的设计思想引入到射频功率放大器的匹配网络设计中，实现双带功率放大器的设计。第6章是微带滤波器设计总结与展望。第7章是射频功率放大器的设计，主要介绍了扩展型连续逆F类的宽带功率放大器和广义混合连续模式宽带功率放大器的设计，还介绍了基于普适性合成网络的连续类Doherty功率放大器。

在本书撰写的过程中，得到了大量的支持和帮助。笔者在电子科技大学攻读博士学位期间，受到何松柏教授、游飞教授主持的国家自然科学基金项目经费和大量课题资源的支持，为本书的撰写奠定了坚实的基础。重庆大学李玉明教授，史卫民、代志江、庞竞舟、王鹏副教授，重庆邮电大学黄博士、重庆科技大学姚瑶博士对书稿提出了建议并给予了写作帮助。史卫民副教授和刘建欣老师参与了本书部分内容的编写。笔者工作单位谭勇、夏良平教授、张万里副教授给予了大量的写作指导，李松柏教授给予了项目和经费的支持。另外，本书参考了大量国内外科研工作者的科研成果并引用了其中部分内容。在此向各位表示衷心的感谢。

由于笔者水平有限，疏漏之处在所难免，敬请各位读者批评指正。笔者电子邮箱是 gdcybxy@163.com。

甘德成

2022年6月

目　　录

前言 ··· (i)

第 1 部分　微带滤波器研究与设计

第 1 章　绪论 ·· (2)
　1.1　研究背景及意义 ·· (2)
　1.2　微带滤波器的发展历史和多带微带滤波器研究现状 ········· (4)

第 2 章　双带频率变换综合 ··· (10)
　2.1　引言 ··· (10)
　2.2　广义切比雪夫滤波器函数综合 ··································· (11)
　2.3　广义切比雪夫滤波器函数双带频率变换综合方法 ·········· (22)

第 3 章　三带、四带微带滤波器研究与设计 ························ (32)
　3.1　三带微带滤波器的研究与设计 ··································· (32)
　3.2　四带微带滤波器的研究与设计 ··································· (46)

第 4 章　宽阻带、超宽带微带滤波器的研究与设计 ··············· (70)
　4.1　宽阻带微带滤波器设计概述 ······································ (70)
　4.2　基于改进型阶跃阻抗谐振器的宽阻带微带滤波器的设计 ··· (72)
　4.3　基于 T 形枝节阶跃阻抗器超宽带微带滤波器的设计 ······· (83)

第 5 章　基于并行 T 形枝节匹配网络双带功率放大器的设计 ··· (94)
　5.1　引言 ··· (94)
　5.2　双带功率放大器的实现 ·· (95)
　5.3　双带功率放大器的制作与测试 ··································· (101)

第 6 章　微带滤波器设计总结与展望 ································· (104)
　6.1　工作总结 ·· (104)
　6.2　工作展望 ·· (106)

第 2 部分　射频功率放大器研究与设计

第 7 章　射频功率放大器的设计 ……………………………………………(110)

7.1　扩展型连续逆 F 类宽带功率放大器的设计 ……………………………(110)

7.2　广义混合连续模式宽带功率放大器的设计 ……………………………(121)

7.3　基于普适性合成网络的连续类 Doherty 功率放大器 …………………(130)

参考文献 …………………………………………………………………………(150)

彩图 ………………………………………………………………………………(167)

第1部分
微带滤波器研究与设计

第1章 绪 论

1.1 研究背景及意义

通信技术的蓬勃发展带动了人类文明的进步,给人类生活带来了深远的影响。各种不同的通信标准如雨后春笋般应运而生,例如:全球移动通信系统(Global System for Mobile Communication,GSM);通用分组无线业务(Gerneral Packet Radio Service,GPRS);无线宽带(WIFI),通常使用 2.4 GHz 特高频(Ultra High Frequency,UHF)或者是 5 GHz 超高频(Super High Frequency,SHF)射频频段;全球微波互联接入(Worldwide Interoperability for Microwave Access,WiMAX);中国电信推出的第三代移动通信技术(The Third Generation Mobile Communication Technology,3G)标准码分多址(Code Division Multiple Access,CDMA),中国联通推出 3G 标准宽带码分多址(Wideband CDMA,WCDMA),移动推出 3G 标准时分同步的码分多址技术(Time Division-Synchronous Code Division Multiple Access,TD-SCDMA),随后推出第四代移动通信技术(The Fourth Generation Mobile Communication Technology,4G)标准分时长期演进(Time Division Long Term Evolution,TD-LTE)和频分双工长期演进(Frequency Division Duplexing Long Term Evolution,FDD-LTE)等。但这些通信技术[1]都集中在射频微波的低频段领域,使得频率资源显得十分拥挤。多运营商与多通信标准并存,就要求射频终端产品向小型化、集成化、多功能化方向发展。

传统的射频收发机系统由天线、滤波器、功率放大器、低噪声放大器等器件组成,而这些器件往往工作于单一通信标准下。如果多个通信标准同时运行,这就需要由多个独立收发机系统组成并行工作系统,这样的系统体积大、功耗高、成本高。如果通信系统采用多带天线、多带滤波器、多带低噪声功率放大器、多带功率放大器,就可以使通信终端设备体积减小,成本降低。这种需求已经引起了各国科研工作者的高度重视。目前,多带天线的研究已经取得了一些成就[2],进一步推动了多带滤波器、多带耦合器、多带放大器的研究和发展。滤波器和功率放大器是通信系统中十分重要的器件,而多带微带滤波器和多带射频功率放大器能够有效减小通信系统的体积,降低成本,使通信产品向小型化、集成化的方向发展。

多带微带滤波器要求能有效拾取各个分离频段的信号,防止相邻信道之间的信号串扰,这就对滤波器的选择性和带外抑制性提出了更高的要求。近年来,各国学者展开了深入的研究,提出了各种各样的设计方法来解决多带微带滤波器设计中的两个核心问题:① 能够多点选频,多个频率能并行工作,每个中心频点有一定容量带宽;② 相邻通带的信号要被有效隔离,不能相互干扰,滤波器的带外抑制性能可靠。

多带滤波器的研究经历了单带—双带[3-10]—三带[11-30]—四带[31-42]的发展历程,随着通带数目的增多,设计难度和复杂度也在增大。目前,在 Engineering Vilage 数据库里可以找到关于双带滤波器设计和研究的文章近 4800 篇,三带滤波器设计的文章有 500 多篇,而关于四带滤波器设计的文章只有 300 多篇。在 Web of Science 数据库里可以找到关于双带滤波器设计和研究的文章近 4600 篇,三带滤波器设计的文章有 360 多篇,而关于四带滤波器设计的文章只有 260 多篇。IEEE Xplore 数据库里关于双带滤波器的文章有 1200 多篇,三带滤波器的文章有 90 多篇,而关于四带滤波器的文章只有 70 多篇,在本学科的顶级刊物 *IEEE Transactions on Microwave Theory and Techniques* 上每年都有关于滤波器设计的文章。

滤波器的理论分析和设计方法经历了集总参数法到分布参数法[43-44]的发展历程。集总参数法包括镜像法和网络综合法[45]。网络综合法是以插入衰减函数和相移函数为基础,利用网络综合理论,求出集总元件的低频原型电路模型,再利用频率变换函数[45],将其变换为所需要设计的高通、带通、带阻滤波器,然后将集总元件用微波结构来实现。分布参数法应用传输线理论,根据插入衰减和插入相移函数,找出相应的微波器件结构。多带滤波器的设计方法主要有两种:一种是基于多带滤波器的组合,其中包括宽带滤波器与陷波器的级联,多个不同频段滤波器的并联;另一种是基于谐振器的寄生频率。滤波器的实现方式也是多种多样的,常用到的有分立元件结构、微带线结构、腔体结构以及同轴线结构,其中微带线结构有基片集成波导(Substrate Integrated Waveguide,SIW)结构[46-53]、阶跃阻抗谐振器结构[54-62]、缺陷地结构(Defected Ground Structure,DGS),微带线结构具有工作频率高、体积小、易于集成的特点。

基于上述原因,本书将以广义切比雪夫滤波器函数综合理论为基础,将低通原型滤波器进行频率变换,并结合交叉耦合综合理论实现由低通原型滤波器到双带、三带、四带滤波器变换,采用基于阶跃阻抗谐振器及交叉耦合的平面微带结构实现多带、宽阻带、超宽带微带滤波器及基于滤波器设计思想的双带功率放大器的研究与应用。

1.2 微带滤波器的发展历史和多带微带滤波器研究现状

1.2.1 微带滤波器的发展历史

自 1910 年世界上第一套载波电话通信系统出现以来,有效拾取特定频段的信号的需求,推动了滤波器的研究和发展。1915 年,德国科学家 Wagner 发明了"瓦格纳滤波器",与此同时,美国科学家 Canbell 发明了"镜像参数法型滤波器",这是滤波器发展史上的一个重要里程碑。1933 年,性能稳定、低损耗的石英晶体滤波器诞生。滤波器理论的完善和创新也推动了滤波器的发展,如镜像参数法和插入损耗法为滤波器的设计提供了理论指导,插入损耗法为当今滤波器设计的经典理论。Butterworth[73]、Foster、Cauer 等人进一步推导出归一化低通原型滤波器,如巴特沃斯滤波器、切比雪夫滤波器和椭圆函数滤波器,这些滤波器都是集总参数电路模型。随着通信频段使用频率的不断步提高,集总参数电路模型的滤波器已经不能适应现代通信发展的需要,于是产生了基于分布参数法的微带/射频滤波器[43]。

在微带/射频滤波器的研究和发展中,许多专家、学者如 G. L. Matthei、L. Young、R. Levey、J. D. Rhodes、Orchard 等做出了重要的贡献,提出了新颖的设计思想和微带滤波器电路拓扑结构,早期的有直接耦合或 $\lambda/4$ 波长耦合谐振滤波器、平行耦合带通滤波器、交指型滤波器、梳状滤波器、带阻滤波器和椭圆函数滤波器[45]。这些滤波器是基于全极点型微带滤波器,不涉及带外有限频率传输零点,而所有传输零点在无穷远处。

现代通信设备向集成化、小型化、多频段方向发展,微带滤波器随之出现了许多新型结构,如基片集成波导结构、阶跃阻抗谐振器结构、缺陷地结构。这些新型结构的产生,加速了多带滤波器的研究和发展,频率变换综合理论和耦合矩阵综合理论也为多带滤波器的设计提供了理论基础。为了实现频率变换后的多频谐振效应,最典型的方法是利用多模阶跃谐振器,实现通带之间的隔离与带外的抑制,然后应用耦合矩阵理论引入传输零点[74]。

最典型的耦合矩阵理论是广义切比雪夫滤波器耦合矩阵综合,它是建立在广义切比雪夫滤波器函数综合理论基础之上的。耦合谐振滤波器的理论最早是由 Cohn[75] 提出来的,其是交叉耦合理论的基础。1970 年,Atia 和 Willians[76-78] 提出交叉耦合滤波器。Cammeronn 在 1999 年[79]提出了任意阶数、任意传输零点的综合方法。2003 年，Roshmann 提出了源-负载耦合滤波器[80]，同年，Cammeron 提出了一种先进的耦合矩阵方法[81]，首次将源-负载耦合与交叉耦合结合起来，使 $N+2$ 阶滤波器具有 N 个传输零点。近年来，大量文献介绍了将阶跃阻抗谐振器与交叉耦合技术相结合，实现小型化滤波器的设计。1968 年，Orchard、Tems 提出了电磁混合耦合理论[82]；2003 年，Amari、Tems 等人将电磁混合耦合理论加以改进和发展，提出了"反谐振"耦合滤波器[83-84]；2006 年，电子科技大学马建国教授提出了电耦合和磁耦合路径，在滤波器的阻带外引入传输零点[85]；2012 年，电子科技大学尉旭波博士提出了混合电磁耦合技术，在滤波器设计中引入多个传输零点[86]。

1.2.2 微带滤波器的发展现状

微带多带滤波器的结构多样。从研究思想和方法来分，有枝节加载方法、基片集成波导结构方法、多谐振器方法、阶跃阻抗谐振器方法、缺陷地结构方法、双模和三模方法或者是多种方法的混合。按多带滤波器设计的通带数目来分，可以分为双带、三带、四带微带滤波器。关于双带滤波器的介绍最早是在 1997 年，H. Miyake、S. Kitazawa、T. Ishizaki 等人在美国科罗拉多州丹佛市举行的 IEEE MTT-S 国际微波论坛上提出基于小型化单片多层陶瓷叠片共烧技术的 0.9 GHz/1.9 GHz 的双带滤波器[87]，其主要被用于便携式双卡双模的移动电话。本小节将对基于枝节加载、基于阶跃阻抗谐振器和基于枝节加载的阶跃阻抗谐振器对双带、三带、四带微带滤波器的发展历程及现状进行归纳总结。

(1) 基于枝节加载的方法。

关于平面微带双带滤波器的介绍最早是由 L. C. Tsai、C. W. Hsue 等人于 2004 年提出的[88]，他们采用等长度串并联耦合枝节微带线和 Z 变换技术，将设计的宽带滤波器与带阻滤波器级联形成双带滤波器，而此滤波器体积比较大，插入损耗也比较大，带内特性有待改善。2007 年，上海大学官学辉博士等人提出了应用开路枝节和导纳倒置变换器设计的通带位置和通带带宽可以自由控制的双带带通滤波器，该滤波器工作于 2.4 GHz/5.2 GHz 频段，带外可以产生 3 个传输零点以达到在通带附近更锐利的衰减以及两个通带之间更大的隔离带[89]。2008 年，L. Li、Z. F. Li 等人提出了应用并联开路短截线和一个并联短路短截线以及导纳变换器，产生多传输零点的双带带通滤波器，该滤波器工作于 1.9 GHz/4.34 GHz 频段，其传输零点由并联开路传输线和短路传输线产生[90]。2008 年，Z. Ma、T. Shimizu 等人提出利用复合谐振器和导纳变换器设计双带带通滤波器[91]，其中心频率与通带带宽可以分开控制，大大提高了双带带通滤波器的可控性。2013

年,C. Y. Li、J. X. Chen 等人提出了基于枝节加载的三模谐振器设计的中心频率为 1.5 GHz/3.57 GHz/3.83 GHz 的三带滤波器,其在均匀阻抗微带线上对称加载开路枝节和非对称加载短路枝节,均匀阻抗微带线折叠成开口谐振环,一对两阶三模谐振器通过电耦合方法级联,采用 0°馈电方式使每个通带两侧产生至少一对传输零点,提高滤波器的选择性和阻带的隔离性,该滤波器具有宽阻带特性,阻带范围为 4.3 GHz~13.7 GHz[92]。2014 年,Z. Ma、T. Shimizu 等人采用多枝节加载的办法[93]形成多模谐振效应,利用变容二极管加载的四模谐振器设计双带滤波器,双带的低频段中心频率灵活可控,高频段的中心频率保持不变。此外,还有利用多枝节加载的四模谐振器设计具有良好边带特性的单带宽带滤波器,利用多枝节加载的六模谐振器设计具有三带的微带带通滤波器等,其中心频率和频带宽度都灵活可控。2015 年,Z. Ma、T. Shimizu 等人采用非对称枝节加载的办法,通过改变非对称枝节左右两边的电长度比设计了一款中心频率为 1.4 GHz/2.4 GHz/3.5 GHz 的三带滤波器,该滤波器具有良好的谐波抑制效果,阻带范围为 3.7 GHz~7 GHz,阻带衰减高达 30 dB[94]。2012 年,L. Gao、X. Y. Zhang 等人利用开路枝节和短路枝节设计了一款中心频率为 1.27 GHz/1.63 GHz/2.42 GHz/3.42 GHz 的四带滤波器,该滤波器结构紧凑,将短路枝节嵌入到开路枝节的内部,短路枝节实现第一和第二通带,开路枝节实现第三和第四通带,而且每个通带的中心频率灵活可调,通过枝节的边沿耦合方式和 0°馈电的方式,每个通带两侧产生一个传输零点,提高了通带的边沿特性和选择特性[95]。2015 年,J. Xu、W. Wu 等人通过开路枝节和短路枝节加载在方形谐振环上,增加加载枝节的数目来增加通带的个数,通过混合电磁耦合的方式在每个通带两侧至少产生一个传输零点,这个方法设计新颖,且该论文系统介绍了双带、三带、四带、五带、六带滤波器的设计[96]。

(2)基于阶跃阻抗谐振器。

阶跃阻抗谐振器是由两个或者两个以上不同特征阻抗和电长度组合而成的微带传输线,它的优点是谐振频率可控,具有较灵活的设计自由度。SIR 结构最早是由 M. Makimoto 和 S. Yamashita 在 1979 年提出的[97-98],其最初的设计目的是改进滤波器的带外特性,学者们在研究的过程中发现只要改变阶跃阻抗谐振器的阻抗比并控制好耦合结构就可以产生多个谐振频率信号,而且前几个谐振频率可以被灵活地控制。在 2005 年,S. Sun、L. Zhu 提出了用一对两节 $\lambda/2$ 的阶跃阻抗谐振器,没有外加特定的匹配网络,输入输出采用特征阻抗 50 Ω 的传输线耦合馈电的方式,设计了中心频率为 2.4 GHz/5.2 GHz 的用于无线局域网(WLAN)通信的双带滤波器[99]。2006 年,C. Y. Chen、C. Y. Hsu 使用不同尺寸的 $\lambda/2$ 的阶跃阻抗谐振器折叠成开环结构并将其级联,通过电磁耦合和 0°馈电的方式,设计了中心频率为 2.45 GHz/5.7 GHz 的双带微带滤波器[100]。2006 年,C. F. Chen、T. Y. Huang 等人[101]利用一对阶跃谐振器,将每一个谐振器折叠成半开环,然后级联成方形结构,里面嵌入一对折叠的均匀阻抗谐振器和一对折叠的阶跃阻抗谐振器,设计成双带滤波器,外环上边增加一对折叠的均匀阻抗谐振器,使用耦合方式级联,多个谐振器之间以交叉耦合方式,输入输出采用 0°馈电的方式引入传输零点,设计成三带滤波器,该滤波器具有良好的选择性和带外抑制特性。2008 年,C. I. Hsu、C. H. Lee 等人[102]提出了使用三节阶跃阻抗谐振器,通过改变阻抗比和电长度来控制前三个谐振频率,采用源-负载耦合和交叉耦合来引入传输零点,提高滤波器的带外性能,设计了中心频率为 1.57 GHz/2.45 GHz/3.5 GHz 的三带滤波器。2011 年,W. Y. Chen、Y. H. Su 等人[103]采用一种简单的方法,使用非对称的阶跃阻抗谐振器,通过改变阻抗比和电长度比,采用输入输出耦合馈电的方式,设计出了中心频率为 1.8 GHz/3.5 GHz/5.2 GHz 的三带滤波器,其可用于 GSM、WIMAX、无线局域网(Wireless Local Area Network)、WLAN 通信系统。2011 年,R. Y. Yang、C. Y. Hung 等人应用多层阶跃阻抗谐振器设计了一款中心频率为 1.56 GHz/2.42 GHz/3.57 GHz/5.23 GHz 的四带滤波器,将阶跃阻抗器布置在不同的电路层,通过改变它们的阻抗比和电长度比控制不同通带的中心频率,该滤波器的电路尺寸较小,结构紧凑,通带特性良好[104]。

(3) 枝节加载的阶跃阻抗谐振器。

文献[127]中,使用一对开路枝节加载的三节 T 形阶跃阻抗谐振器,形成两条信号耦合路径,设计双带滤波器。2012 年,W. Y. Chen、Y. H. Su 等人[103]应用枝节加载的 T 形阶跃阻抗谐振器,通过改变阻抗比及两节阶跃阻抗谐振器的电长度比和枝节加载的电长度比来控制前三个谐振频率,通过 0°馈电和交叉耦合技术设计三带平面微带滤波器。2016 年 W. Jiang、W. Shen 等人[105]使用开路枝节和短路枝节的阶跃阻抗谐振器设计双带滤波器,将一对短路枝节阶跃阻抗谐振器嵌入到一对开路枝节阶跃阻抗谐振器的方形环中,采用 0°馈电技术,控制好两者之间的耦合距离和耦合拓扑结构,在中心频率为 1.63 GHz/2.73 GHz 通带的两侧至少可以产生一对传输零点,该滤波器有很好的通带选择特性和宽阻带特性。

2013 年,J. Xu、W. Wu 等[106]提出了开路枝节加载于两端短路的阶跃阻抗谐振器上的设计方法,设计了双带、三带、四带滤波器。其通过调整开路枝节的长度来改变传输零点和传输极点的位置,增加一个并联短路阶跃阻抗谐振器枝节,改变开路枝节的长度来增加滤波器的通带个数。为了提高滤波器的通带选择特性和通带的隔离性,其将开路枝节和短路枝节进行边沿耦合。

1.2.3 滤波器市场需求和研究方向

（1）滤波器市场巨大。

智研咨询发布的《2021—2027 年中国滤波器行业市场运行格局及投资前景分析报告》数据显示，2020 年全球智能手机出货量为 12.92 亿部，同比下降 5.8%；2021 年第一季度全球智能手机出货量为 3.46 亿部。

滤波器是射频前端芯片中价值最高的细分领域。从射频前端价值分布占比来看，滤波器占比达 53%，射频功率放大器占比达 33%，其他占 14%。

（2）摩尔定律的发展，间接地推动着小型化、低成本、高性能的滤波器的发展。

随着新材料、新工艺的不断发展，对 IEEE 和 IET 等期刊论文进行调研发现，目前滤波器的研究存在两极分化的现象：一则是利用各种炫酷的数学公式推导出各种传输零点和传输极点进而设计一款复杂的滤波器；二则是面向新材料、新工艺的滤波器研究。而对于简单实用、低成本、高性能的滤波器研究，大多是在专利中。

（3）后续对滤波器的研究大致可以从以下三个方向去努力：

一是高性能的全可调（可重构）滤波器的研究。

二是高选择性的极窄带滤波器的研究。滤波器的作用就是选择有用信号滤除干扰信号，而对于无线系统而言一款高抑制度、低插损的滤波器是十分有用的，用常规射频微波平面材料来设计此类滤波器就会面临高 Q 值的难题。目前声表面波滤波器、体声波滤波器（工作频率在 2.5 GHz 以上）、小型化三维堆叠式腔体滤波器都是比较好的研究方向。

三是新材料、新工艺实现的可以集成在微系统中的小型化滤波器的研究，比如低温共烧陶瓷滤波器、介质滤波器、片上集成滤波器、基于液晶聚合物的小型化射频滤波器等。

（4）特定系统对滤波器的需求。

当系统突然出现一个镜像干扰或者其他外来的不知名的杂波时，工程师们发现，滤波器将会派上用场，虽然其不一定能解决工程上的诸多问题，但基本上可以滤除掉很多不想要的信号。不过此时系统一般不会给额外加滤波器的空间，工程师们要根据各种异形尺寸要求，各种指标要求，设计出不同的传输极点和零点，从而得到一个完美的滤波曲线。

滤波器是一种滤除某种波形的器件，在射频微波中的滤波器是一种选择有用信号，滤除无用信号的器件。

（5）滤波器的分类。

滤波器的分类方法有很多。按照传输函数分，有切比雪夫型、椭圆函数型、巴特沃斯型、准椭圆函数型等。按照滤波功能分，有低通滤波器、带通滤波器、带阻滤波器、高通滤波器。按照实现结构分,有发夹型、阶跃阻抗型、开口环型、二维码型等。按照制造材料分,有介质滤波器、腔体滤波器、声表面波滤波器、体声波滤波器等。

(6) 滤波器的主要指标。

工作频率(f):主要是指用户需要处理的信号的工作频率,比如带通滤波器的通带、带阻滤波器的阻带。

工作带宽(BW):无特别说明的情况下,是指 3 dB 工作带宽,即所需要选择的信号幅度在工作频段内与极值点(高低通滤波器则为截至频率点)相比,幅度下降 3 dB 时的工作频段宽度。

插入损耗(IL):是指在信号通过的频段内,信号的幅度损耗值(即二端口滤波器的输出波与输入波的比值取对数)。

电压驻波比(VSWR):是用来衡量滤波器输入与输出端口处的回波多少的指标,一般在 1.5 以下就够了。

带外抑制度:是指对通带以外的信号的抑制程度,有时候也会用矩形系数来表示。此指标在系统设计中是比较受关注的,后续设计我们会重点介绍相关的传输零点引入技术,以实现对带外信号的抑制。

第 2 章 双带频率变换综合

2.1 引 言

近年来,微带/射频通信业务快速发展,为了适应通信发展的需要,微带滤波器设计性能需要进一步改善和提高,其尺寸需要小型化,其通信频段需要多带化。传统的巴特沃斯滤波器、切比雪夫滤波器、椭圆函数滤波器是通过增设计阶数来提高其带外抑制性和选择性的,但是这样设计的滤波器通常是单带的,不仅尺寸较大,而且其带内特性也不理想。为了提高滤波器的带内、带外性能,实现滤波器的通带由单带向双带扩展,本章将介绍一种基于广义切比雪夫滤波器函数的双带频率变换综合方法。

本章的主要内容如下:

(1) 在已知滤波器的传输零点、带内回波损耗和设计阶数的情况下,用广义切比雪夫滤波器函数综合出有理多项式 $P(s)$、$F(s)$、$E(s)$,推导出网络散射 S 参数 $S_{11}(s)$、$S_{21}(s)$ 的表达式,进而得到 $S_{11}(s)$、$S_{21}(s)$ 的响应曲线。

(2) 从网络特征函数推导出短路导纳参数 $y_{11}(s)$ 和 $y_{22}(s)$ 的表达式,进而提取交叉耦合网络模型的耦合矩阵和含源-负载耦合的耦合矩阵。

(3) 基于低通原型的广义切比雪夫滤波器,经过对称和非对称的双带频率变换,得到双带频率变换的归一化曲线,再经过一次频率变换得到实际的双带滤波器的响应曲线。

广义切比雪夫滤波器函数综合方法、耦合矩阵综合方法和双带频率变换综合方法,是后续章节多带滤波器设计的理论基础,为后续章节中三带、四带滤波器的设计指明了方向。

2.2 广义切比雪夫滤波器函数综合

2.2.1 二端口网络散射参数多项式

任何一个无损耗、互易的二端口滤波器网络,其散射 S 参数都可以用有理多项式来描述。二端口滤波器网络散射 S 参数电路模型如图 2.1 所示。

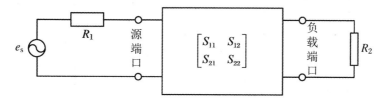

图 2.1 二端口滤波器网络散射 S 参数电路模型

一个二端口无源网络无耗且互易,满足下列条件:

$$S_{11}(s)S_{11}(-s) + S_{21}(s)S_{21}(-s) = 1 \quad (2.1)$$

$$S_{22}(s)S_{22}(-s) + S_{12}(s)S_{12}(-s) = 1 \quad (2.2)$$

$$S_{11}(s)S_{12}(-s) + S_{21}(s)S_{22}(-s) = 0 \quad (2.3)$$

其中 $S_{12}(s) = S_{21}(s)$,S 参数为频率变量 $s = j\omega$ 的函数。网络散射 S 参数通过有理多项式表示为

$$S_{11}(s) = \frac{F(s)}{\varepsilon_R E(s)} \quad (2.4)$$

$$S_{21}(s) = \frac{P(s)}{\varepsilon E(s)} \quad (2.5)$$

其中 $E(s)$、$F(s)$ 为最高阶系数归一化的 N 阶有理多项式,N 与所设计的滤波器网络的阶数相对应。$F(s)$ 的根为反射零点,即滤波器功率的最佳传输点;$P(s)$ 的根为传输零点。ε_R 为 $S_{11}(s)$ 的归一化系数,ε 为 $S_{21}(s)$ 的归一化系数,对有限个传输零点的广义切比雪夫滤波器而言,ε_R 通常取 1,ε 为通带内等波纹变化系数。因为网络是无耗的,$E(s)$ 满足严格的赫尔维茨多项式,则式(2.6)成立,即

$$E(s)E(-s) = F(s)F(-s)/\varepsilon_R + P(s)P(-s)/\varepsilon \quad (2.6)$$

根据能量守恒定律和相位条件,将有理多项式代入式(2.6),网络散射 S 参数的矩阵用有理多项式表示为

$$\begin{bmatrix} S_{11} & S_{12} \\ S_{21} & S_{22} \end{bmatrix} = \frac{1}{E(s)} \begin{bmatrix} F(s)/\varepsilon_R & P(s)/\varepsilon \\ P(s)/\varepsilon & (-1)^{(n_z+1)} F(-s)/\varepsilon_R \end{bmatrix} \quad (2.7)$$

其中 n_z 为有限传输零点的个数。

2.2.2 广义切比雪夫滤波器函数有理多项式

为了简化数学表达形式,假定频率变量 $s = j\omega$。广义切比雪夫滤波器函数的一种表示形式为

$$C_N(\omega) = \cosh\left\{\sum_{i=1}^{N} \text{arccosh}[\chi_i(\omega)]\right\} \quad (2.8)$$

另一种表示形式为

$$C_N(\omega) = \cos\left\{\sum_{i=1}^{N} \arccos[\chi_i(\omega)]\right\} \quad (2.9)$$

当 $\omega \geqslant 1$ 时,用式(2.8)分析;当 $\omega \leqslant 1$ 时,用式(2.9)分析。对于合理的广义切比雪夫滤波器函数,$\chi_i(\omega)$ 需要满足下列条件:

(1) 当 $\omega = \omega_{pi}$(ω_{pi} 为有限传输零点或无穷远传输零点处的频率)时,$\chi_i(\omega) = \pm\infty$。

(2) 当 $\omega = \pm 1$ 时,$\chi_i(\omega) = \pm 1$。

(3) 当 $-1 \leqslant \omega \leqslant 1$ 时,$-1 \leqslant \chi_i(\omega) \leqslant 1$。

$\chi_i(\omega)$ 最终表示形式为

$$\chi_i(\omega) = \frac{\omega - 1/\omega_{pi}}{1 - \omega/\omega_{pi}} \quad (2.10)$$

当 N 个传输零点都趋于无穷远处时,$C_N(\omega)$ 退化为一般的切比雪夫滤波器函数表达形式,即

$$C_N(\omega) = \cos\{N\arccos[\chi_i(\omega)]\} \quad (2.11)$$

广义切比雪夫滤波器函数 $C_N(\omega)$、反射系数 $S_{11}(\omega)$ 和传输系数 $S_{21}(\omega)$ 相互关系为

$$C_N(\omega) = \frac{S_{11}(\omega)}{S_{21}(\omega)} \quad (2.12)$$

$$S_{21}^2(\omega) = \frac{1}{1 + \varepsilon^2 C_N^2(\omega)} \quad (2.13)$$

因为 $C_N(\omega)$ 是多项式,所以网络散射 S 参数也可以用多项式相除的形式来表示,即

$$S_{11}(\omega) = \frac{F(\omega)}{E(\omega)} \quad (2.14)$$

$$S_{21}(\omega) = \frac{P(\omega)}{\varepsilon E(\omega)} \quad (2.15)$$

由无源网络能量守恒定律 $S_{11}^2 + S_{21}^2 = 1$,可得

$$\varepsilon^2 \cdot F^2(\omega) + P^2(\omega) = \varepsilon^2 \cdot E^2(\omega) \quad (2.16)$$

因此

$$C_N(\omega) = \varepsilon \frac{F(\omega)}{P(\omega)} \quad (2.17)$$

其中 ε 为广义切比雪夫滤波器通带内等波纹变化系数,当 $\omega = 1$ 时,可求得

$$\varepsilon = \frac{1}{\sqrt{10^{RL/10} - 1}} \left.\frac{P(\omega)}{F(\omega)}\right|_{\omega = 1} \quad (2.18)$$

2.2.3 用迭代法求出 S 参数的多项式表达式

根据式(2.13)所表示的 S_{21} 与广义切比雪夫滤波器函数 $C_N(\omega)$ 的关系可以看出,$C_N(\omega)$ 的表达式复杂且不易理解。采用递归方法化简式(2.13),用有理多项式的形式可以将 $C_N(\omega)$ 表示为式(2.17)。

由式(2.17)知,S_{21} 的传输零点就是函数 $C_N(\omega)$ 的奇点,由于 $C_N(\omega)$ 的奇点是已知的,为 ω_{pi},故 S_{21} 的分子 $P(\omega)$ 也是已知的,可写为

$$P(\omega) = \prod_{i=1}^{K} (\omega - \omega_{pi}) \quad (K \leqslant N) \quad (2.19)$$

当 $\omega_{pi} = \pm \infty$ 时,存在无穷远的传输零点,此时多项式 $P(\omega)$ 的最高次项 $K \leqslant N$;当所有的传输零点 ω_{pi} 为有限值时,则 $K = N$。

接下来将阐述如何通过已知的传输零点 ω_{pi} 以及函数 $C_N(\omega)$ 的性质来求出多项式 $F(\omega)$ 和 $E(\omega)$。

首先,求多项式 $F(\omega)$。将 $C_N(\omega)$ 按定义展开为

$$C_N(\omega) = \cosh\left[\sum_{i=1}^{N} \ln(a_i + b_i)\right] \quad (2.20)$$

式中

$$a_i = x_i, \quad b_i = (x_i^2 - 1)^{1/2}, \quad x_i = \frac{\omega - 1/\omega_{pi}}{1 - \omega/\omega_{pi}}$$

由三角余弦函数定义的 $C_N(\omega)$ 可展开为

$$C_N(\omega) = \frac{1}{2}\left\{\exp\left[\sum_{i=1}^{N} \ln(a_i + b_i)\right] + \exp\left[-\sum_{i=1}^{N} \ln(a_i + b_i)\right]\right\}$$

$$= \frac{1}{2}\left[\prod_{i=1}^{N}(a_i + b_i) + \frac{1}{\prod_{i=1}^{N}(a_i + b_i)}\right] \quad (2.21)$$

由于 $(a_i + b_i) \cdot (a_i - b_i) = x_i^2 - (x_i^2 - 1) = 1$,故式(2.21)可以写为

$$C_N(\omega) = \frac{1}{2}\left[\prod_{i=1}^{N}(a_i + b_i) + \prod_{i=1}^{N}(a_i - b_i)\right] \quad (2.22)$$

将式 a_i、b_i、x_i 代入式(2.22)可得

$$C_N(\omega) = \varepsilon \frac{F(\omega)}{P(\omega)} = \frac{1}{2} \frac{G_N(\omega) + G'_N(\omega)}{\prod_{i=1}^{N}(1 - \omega/\omega_{pi})} \qquad (2.23)$$

其中

$$G_N(\omega) = \prod_{i=1}^{N}\left[\left(\omega - \frac{1}{\omega_{pi}}\right) + (\omega^2 - 1)^{1/2}\left(1 - \frac{1}{\omega_{pi}^2}\right)^{1/2}\right] \qquad (2.24)$$

$$G'_N(\omega) = \prod_{i=1}^{N}\left[\left(\omega - \frac{1}{\omega_{pi}}\right) - (\omega^2 - 1)^{1/2}\left(1 - \frac{1}{\omega_{pi}^2}\right)^{1/2}\right] \qquad (2.25)$$

令

$$c_i = \omega - \frac{1}{\omega_{pi}}, \quad d_i = \omega'\left(1 - \frac{1}{\omega_{pi}^2}\right)^{1/2}, \quad \omega' = (\omega^2 - 1)^{1/2} \qquad (2.26)$$

则式(2.24)、式(2.25)可以写成以下形式：

$$G_N(\omega) = \prod_{i=1}^{N}(c_i + d_i) = U_N(\omega) + V_N(\omega) \qquad (2.27)$$

$$G'_N(\omega) = \prod_{i=1}^{N}(c_i - d_i) = U_N(\omega) - V_N(\omega) \qquad (2.28)$$

其中

$$U_N(\omega) = u_0 + u_1\omega + u_2\omega^2 + \cdots + u_N\omega^{N-1} \qquad (2.29)$$

$$V_N(\omega) = \omega' \cdot (v_0 + v_1\omega + v_2\omega^2 + \cdots + v_N\omega^{N-1}) \qquad (2.30)$$

是多项式 $U_N(\omega)$、$V_N(\omega)$ 的迭代过程。

(1) 当 $N=1$ 时,式(2.22)可以写为

$$G_1(\omega) = (c_1 + d_1) = \left(\omega - \frac{1}{\omega_{p1}}\right) + \omega'\left(1 - \frac{1}{\omega_{p1}^2}\right)^{1/2} = U_1(\omega) + V_1(\omega) \qquad (2.31)$$

(2) 当 $N=2$ 时,有

$$G_2(\omega) = G_1(\omega) \cdot (c_2 + d_2)$$

$$= [U_1(\omega) + V_1(\omega)] \cdot \left[\left(\omega - \frac{1}{\omega_{p2}}\right) + \omega'\left(1 - \frac{1}{\omega_{p2}^2}\right)^{1/2}\right] \qquad (2.32)$$

$$V_{N+1}(\omega) = \omega \cdot V_N(\omega) - \frac{V_N(\omega)}{\omega_{pN}} + \left(1 - \frac{1}{\omega_{pN}^2}\right)^{1/2}\omega' \cdot U_N(\omega) \qquad (2.33)$$

求出多项式 $U_N(\omega)$、$V_N(\omega)$ 后,由于

$$F(\omega) = \frac{1}{2}[G_N(\omega) + G'_N(\omega)] = U_N(\omega) \qquad (2.34)$$

故也就求出了多项式 $F(\omega)$。

然后,求多项式 $E(\varepsilon)$。利用能量守恒定律及式(2.16)可以求出

$$E(\omega) = \sqrt{F^2(\omega) + \frac{1}{\varepsilon^2}P^2(\omega)} \qquad (2.35)$$

在求 $E(\omega)$ 的过程中还需要注意,由于分析的是无源网络,故 $E(\omega)$ 的根都应该在复平面的上半部。

综合实例 下面以一个对称和非对称的六阶滤波器为例,分别求解 $P(\omega)$、$F(\omega)$ 和 $E(\omega)$。

(1) 一个六阶对称滤波器。

设滤波器的回波损耗 $RL = 22$ dB,4 个归一化的有限对称传输零点为 $\omega_{p1} = -1.5, \omega_{p2} = 1.5, \omega_{p3} = -2.1, \omega_{p4} = 2.1$,按照上述求解方法进行求解。

第一步:根据已知滤波器的传输零点,表示出 $P(\omega)$。

$$P(\omega) = \prod_{i=1}^{K} (\omega - \omega_{pi}) = \omega^4 - 6.6600\omega^2 + 9.9225$$

第二步:采用迭代法,根据式(2.34)和式(2.18)可求出 $F(\omega)$ 和 ε。

$$F(\omega) = \omega^6 - 1.6051\omega^4 + 0.6715\omega^2 - 0.0465$$
$$\varepsilon = 13.4989$$

第三步:根据式(2.35),表示出 $E(\omega)$。

$$E(\omega) = \omega^6 - j2.3038\omega^5 - 4.2587\omega^4 + j4.8869\omega^3$$
$$+ 4.1522\omega^2 - j2.3084 - 0.7356$$

$P(\omega)$、$F(\omega)$ 和 $E(\omega)$ 的根在表 2.1 中列出。

得出多项式后,将式(2.14)和式(2.15)取绝对值,再取对数后可以绘出 S 参数响应曲线,如图 2.2 所示。

(2) 一个非对称的六阶滤波器。

设滤波器的回波损耗 $RL = 22$ dB,3 个归一化的有限非对称传输零点为 $\omega_{p1} = -2.5, \omega_{p2} = 1.5, \omega_{p3} = 2.1$,按照六阶对称滤波器的求解的方法,$P(\omega)$、$F(\omega)$、$E(\omega)$ 和 ε 分别求解为

$$P(\omega) = \omega^4 - 1.1000\omega^3 - 5.8500\omega^2 + 7.8750, \quad \varepsilon = 12.5193$$
$$F(\omega) = \omega^6 - 0.4266\omega^5 + 0.5422\omega^4 + 0.5339\omega^3 - 0.1400\omega^2 - 0.0273$$
$$E(\omega) = \omega^6 - (0.4266 + j2.3302)\omega^5 - (4.1874 - j1.0414)\omega^4$$
$$+ (1.8106 + j4.6357)\omega^3 - (3.6519 - j1.9217)\omega^2$$
$$- (1.3321 + j1.7821)\omega - 0.4153 + j0.4732$$

$P(\omega)$、$F(\omega)$ 和 $E(\omega)$ 的根在表 2.2 中列出。

得出多项式后,将式(2.14)和式(2.15)取绝对值,再取对数后可以绘出 S 参数响应曲线,如图 2.3 所示。

表 2.1　六阶对称滤波器各多项式的根

	传输零点,$P(\omega)$的根	反射零点,$F(\omega)$的根	传输或反射奇点,$E(\omega)$的根
1	$-j1.5$	$-j0.9743$	$1.0998 + j0.1034$
2	$j1.5$	$j0.9743$	$0.9207 + j0.3721$
3	$-j2.1$	$-j0.7549$	$0.3932 + j0.6764$
4	$j2.1$	$j0.7549$	$-0.3932 + j0.6764$
5	$-\infty$	$-j0.2931$	$-0.9207 + j0.3721$
6	∞	$j0.2931$	$-1.0998 + j0.1034$

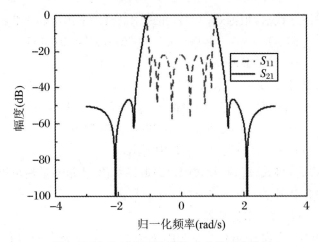

图 2.2　六阶对称滤波器的 S 参数响应曲线

表 2.2　六阶非对称滤波器各多项式的根

	传输零点,$P(\omega)$的根	反射零点,$F(\omega)$的根	传输或反射奇点,$E(\omega)$的根
1	$-j2.5$	$-j0.9604$	$-1.1528 + j0.1792$
2	$j1.5$	$j0.9783$	$-0.8024 + j0.5135$
3	$j2.1$	$j0.7954$	$-0.1500 + j0.6793$
4	$-\infty$	$-j0.6563$	$0.5189 + j0.5626$
5	∞	$j0.4065$	$0.9290 + j0.3066$
6	∞	$-j0.1369$	$1.0839 + j0.0890$

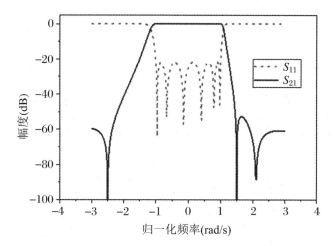

图 2.3 六阶非对称滤波器的 S 参数响应曲线

2.2.4 N 阶交叉耦合滤波器矩阵综合

为了提高滤波器的选择性和带外隔离性,通常在滤波器中引入传输零点,而传输零点是通过非相邻的谐振器之间的交叉耦合产生的。图 2.4 为 N 阶交叉耦合滤波器集总参数环路方程的等效电路和等效网络参数。根据 Kirchhoff 第二定律,写出各个回路的电压方程如下:

$$\begin{cases} [R_1 + j\omega L_1 + 1/(j\omega C_1)] \cdot i_1 - jL_{12} \cdot i_2 \cdots - jL_{1N} \cdot i_N = e_s \\ -jL_{12} \cdot i_1 + [j\omega L_2 + 1/(j\omega C_2)] \cdot i_2 - jL_{2N} \cdot i_N = 0 \\ \cdots \\ -jL_{N1} \cdot i_1 - jL_{N2} \cdot i_2 \cdots + [R_2 + j\omega L_N + 1/(j\omega C_N)] \cdot i_N = 0 \end{cases} \quad (2.36)$$

其具体处理方法见文献[43],该方程组用矩阵表述为

$$Z \cdot I = e \quad (2.37)$$

其中 Z 为 N 阶阻抗矩阵。

首先考虑同步调谐滤波器,即各谐振器具有同一谐振频率 $\omega_0 = 1/\sqrt{LC}$,其中 $L = L_1 = L_2 = \cdots = L_N, C = C_1 = C_2 = \cdots = C_N$。将阻抗矩阵归一化,令 $FBW = \Delta\omega/\omega_0 = \Delta f/f_0$ 为相对带宽。则归一化阻抗 $\bar{Z} = Z/(\omega_0 L \cdot FBW)$。

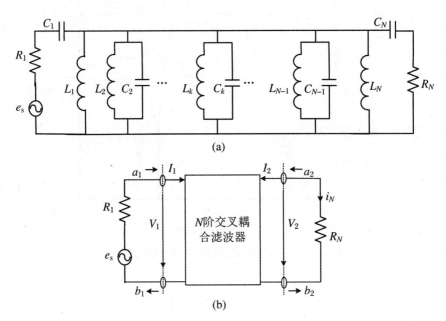

图 2.4 N 阶交叉耦合滤波器集总参数环路方程的等效电路(a)和等效网络参数(b)

$$\bar{Z} = \begin{bmatrix} \dfrac{R_1}{\omega_0 L \cdot FBW} + p & -\mathrm{j}\dfrac{\omega L_{12}}{\omega_0 L \cdot FBW} & \cdots & -\mathrm{j}\dfrac{\omega L_{1N}}{\omega_0 L \cdot FBW} \\ -\mathrm{j}\dfrac{\omega L_{21}}{\omega_0 L \cdot FBW} & p & \cdots & \vdots \\ \vdots & \vdots & & \vdots \\ -\mathrm{j}\dfrac{\omega L_{N1}}{\omega_0 L \cdot FBW} & -\mathrm{j}\dfrac{\omega L_{N2}}{\omega_0 L \cdot FBW} & \cdots & \dfrac{R_N}{\omega_0 L \cdot FBW} + p \end{bmatrix}$$

$$p = \mathrm{j}\dfrac{1}{FBW}\left(\dfrac{\omega}{\omega_0} - \dfrac{\omega_0}{\omega}\right) \tag{2.38}$$

定义外部品质因数 $Q_{ei} = R_i/(\omega_0 L)(i=1,N)$，耦合系数 $M_{ij} = L_{ij}/L$，对于窄带滤波器有 $\omega_0/\omega \approx 1$，则有

$$\bar{Z} = \begin{bmatrix} \dfrac{1}{q_{ei}} + p & -\mathrm{j}m_{12} & \cdots & -\mathrm{j}m_{1N} \\ -\mathrm{j}m_{21} & p & \cdots & \vdots \\ \vdots & \vdots & & \vdots \\ -\mathrm{j}m_{N1} & -\mathrm{j}m_{N2} & \cdots & \dfrac{1}{q_{eN}} + p \end{bmatrix} \tag{2.39}$$

其中 $q_{ei} = Q_{ei} \cdot FBW(i=1,2)$，$m_{ij} = M_{ij}/FBW$，那么令图 2.4(b)中 $I_1 = i_1$，$I_2 = -i_N$，那么可以得到

$$\begin{cases} a_1 = \dfrac{e_s}{2\sqrt{R_1}}, \quad b_1 = \dfrac{e_s - 2i_1 R_1}{2\sqrt{R_1}} \\ a_2 = 0, \quad b_2 = i_N \sqrt{R_N} \end{cases} \tag{2.40}$$

若为异步调谐滤波器，各个谐振器谐振的中心频率并不相同，则有 $\omega_i = 1/\sqrt{L_i C_i}$，这为多带滤波器的设计提供了可能。此时归一化矩阵变为

$$\bar{Z} = \begin{bmatrix} \dfrac{1}{q_{e1}} + p - \mathrm{j}m_{11} & -\mathrm{j}m_{12} & \cdots & -\mathrm{j}m_{1N} \\ -\mathrm{j}m_{21} & p - \mathrm{j}m_{22} & \cdots & -\mathrm{j}m_{2N} \\ \vdots & \vdots & & \vdots \\ -\mathrm{j}m_{N1} & -\mathrm{j}m_{N2} & \cdots & \dfrac{1}{q_{eN}} + p - \mathrm{j}m_{NN} \end{bmatrix} \tag{2.41}$$

其中 $m_{ij} = L_{ij}/\sqrt{L_i L_j}\,(i \neq j)$，$m_{jj} = \dfrac{1}{FBW}\left[\left(\dfrac{\omega}{\omega_0} - \dfrac{\omega_0}{\omega}\right) - \left(\dfrac{\omega}{\omega_i} - \dfrac{\omega_i}{\omega}\right)\right]\,(i = j)$。因此电路的阻抗矩阵可以分解为

$$\bar{Z} = q + pU + \mathrm{j}M \tag{2.42}$$

其中 U 为 N 阶单位矩阵；q 为 N 阶矩阵，除了 $q_{11} = 1/q_{e1}$，$q_{NN} = 1/q_{eN}$，其余元素均为零。耦合矩阵 M 为

$$M = \begin{bmatrix} -m_{11} & -m_{12} & \cdots & -m_{1N} \\ -m_{21} & -m_{22} & \cdots & -m_{2N} \\ \vdots & \vdots & & \vdots \\ -m_{N1} & -m_{N2} & \cdots & -m_{NN} \end{bmatrix}$$

则图 2.4(a) 的电压方程可以用归一化矩阵表示为

$$\bar{Z} \cdot I = q + pU + M \cdot I = e' \tag{2.43}$$

其中 $I = [i_1 \quad i_2 \quad \cdots \quad i_k \quad \cdots \quad i_{N-1} \quad i_N]^T$ 为电流向量，$e' = e_s[1 \quad 0 \quad 0 \quad \cdots \quad 0]^T$ 为电源激励向量，电路的电流向量 I 可以表示为

$$I = \bar{Z}^{-1} \cdot e' = Y \cdot e' \tag{2.44}$$

Y 为短路导纳矩阵，二端口的短路导纳矩阵为

$$\begin{bmatrix} I_1 \\ I_2 \end{bmatrix} = \begin{bmatrix} i_1 \\ i_N \end{bmatrix} = \begin{bmatrix} Y_{11} & Y_{1N} \\ Y_{N1} & Y_{NN} \end{bmatrix} \cdot \begin{bmatrix} V_1 \\ V_2 \end{bmatrix} \tag{2.45}$$

令 $p = \mathrm{j}\omega'$，ω' 为归一化角频率，则短路导纳参数为

$$\begin{cases} y_{11}(s) = Y_{11} = \dfrac{I_1}{V_1}\bigg|_{V_2=0} = [\mathrm{j}M + pU]_{11}^{-1} = \mathrm{j}[-M - \omega' U]_{11}^{-1} \\ y_{21}(s) = Y_{N1} = \dfrac{-I_2}{V_1}\bigg|_{V_2=0} = -[\mathrm{j}M + pU]_{N1}^{-1} = -\mathrm{j}[-M - \omega' U]_{N1}^{-1} \\ y_{22}(s) = Y_{NN} = \dfrac{-I_2}{V_2}\bigg|_{V_1=0} = -[\mathrm{j}M + pU]_{NN}^{-1} = -\mathrm{j}[-M - \omega' U]_{NN}^{-1} \end{cases}$$

$$\tag{2.46}$$

由于 M 是一个实对称矩阵($M_{ij} = M_{ji}$),其所有的特征值都是实数,故满足

$$- M = T \cdot \Lambda \cdot T^{\mathrm{T}} \tag{2.47}$$

其中 $\Lambda = \mathrm{diag}[\lambda_1 \quad \lambda_2 \quad \lambda_3 \quad \cdots \quad \lambda_N]$ 是以 λ_i 为元素的对角阵,T 是对称正交矩阵,T^{T} 是矩阵 T 的转置,且有 $T \cdot T^{\mathrm{T}} = U$,$U$ 为单位阵。由于

$$[T \cdot \Lambda \cdot T^{\mathrm{T}} - \omega' U]_{ij}^{-1} = \sum_{k=1}^{N} \frac{T_{ik} \cdot T_{jk}}{\omega - \lambda_k} \quad (i, j = 1, 2, 3, \cdots, N) \tag{2.48}$$

故将式(2.48)代入式(2.46)可以得到

$$\begin{cases} y_{21}(s) = -\mathrm{j} \cdot \sum_{k=1}^{N} \dfrac{T_{Nk} \cdot T_{1k}}{\omega - \lambda_k} \\ y_{22}(s) = -\mathrm{j} \cdot \sum_{k=1}^{N} \dfrac{T_{Nk}^2}{\omega - \lambda_k} \end{cases} \tag{2.49}$$

又因为

$$-\mathrm{j} \cdot \sum_{k=1}^{N} \frac{T_{Nk} \cdot T_{1k}}{\omega - \lambda_k} = \frac{P(s)}{\varepsilon \cdot m_1} \tag{2.50}$$

$$-\mathrm{j} \cdot \sum_{k=1}^{N} \frac{T_{Nk}^2}{\omega - \lambda_k} = \frac{1}{R_2} \cdot \frac{n_1}{m_1} \tag{2.51}$$

上面式子中 m_1、n_1 均可以通过 2.2.3 节中的多项式计算得到,由于 $m_1 + n_1 = E(s) + F(s)$,则

$$\begin{cases} m_1 = \mathrm{Re}(e_0 + f_0) + \mathrm{j} \cdot \mathrm{Im}(e_1 + f_1)s + \mathrm{Re}(e_2 + f_2)s^2 + \cdots \\ n_1 = \mathrm{j} \cdot \mathrm{Im}(e_0 + f_0) + \mathrm{Re}(e_1 + f_1)s + \mathrm{j} \cdot \mathrm{Im}(e_2 + f_2)s^2 + \cdots \end{cases} \tag{2.52}$$

其中 e_i、f_i 分别为多项式 $E(s)$、$F(s)$ 的复系数。λ_k 是多项式 m_1 的根,T_{Nk}^2 是分式 $\dfrac{n_1}{m_1}$ 的留数,而 $T_{Nk} \cdot T_{1k}$ 则是分式 $\dfrac{P(s)}{m_1}$ 的留数。求出 T_{1k}、T_{Nk} 后,再运用施密特正交化就可以构造出耦合矩阵 M。

可以求得 2.2.3 节的六阶对称滤波器的耦合矩阵为

$$M = \begin{bmatrix} 0 & 0.1927 & -0.3941 & 0.4995 & 0.6064 & -0.0322 \\ 0.1927 & -1.0056 & 0 & 0 & -0.2047 & 0.1927 \\ -0.3941 & 0 & 0.9578 & 0.3316 & 0 & 0.3941 \\ 0.4995 & 0 & 0.3316 & -0.4176 & 0 & -0.4995 \\ 0.6064 & -0.2047 & 0 & 0 & 0.4654 & 0.6064 \\ -0.0322 & 0.1927 & 0.3941 & -0.4995 & 0.6064 & 0 \end{bmatrix}$$

可以求得 2.2.3 节的六阶非对称滤波器的耦合矩阵为

$$M = \begin{bmatrix} 0.0203 & -0.1459 & 0.4822 & -0.4076 & -0.6416 & 0 \\ -0.1459 & -1.0095 & 0 & 0 & -0.1880 & 0.1459 \\ 0.4822 & 0 & 0.9308 & 0.3082 & 0 & 0.4822 \\ -0.4076 & 0 & 0.3082 & -0.5773 & 0 & -0.4076 \\ -0.6416 & -0.1880 & 0 & 0 & 0.1889 & 0.6416 \\ 0 & 0.1459 & 0.4822 & -0.4076 & 0.6416 & 0.0203 \end{bmatrix}$$

将 N 阶矩阵的左边和右边各多出一列,上边和下边各多出一行,此时的耦合矩阵由原来的 N 阶变成了 $N+2$ 阶,$N+2$ 阶耦合矩阵综合,详见文献[74]。综合出了耦合矩阵后,将其进行一定的矩阵变形使之与实际的电路模型结构对应,这样有利于实际物理电路设计。耦合系数为负数表示相邻谐振腔电路交叉耦合中的容性耦合占主要因素,耦合系数为正数表示相邻谐振腔电路交叉耦合中的感性耦合占主要因素。

可以求得 2.2.3 节的六阶对称滤波器的 $N+2$ 阶耦合矩阵为

$$M = \begin{bmatrix} 0 & 0.3038 & -0.3038 & -0.4390 & 0.4390 & 0.4999 & -0.4999 & 0 \\ 0.3038 & -1.1893 & 0 & 0 & 0 & 0 & 0 & 0.3038 \\ -0.3038 & 0 & 1.1893 & 0 & 0 & 0 & 0 & 0.3038 \\ -0.4390 & 0 & 0 & -1.0675 & 0 & 0 & 0 & 0.4390 \\ 0.4390 & 0 & 0 & 0 & 1.0675 & 0 & 0 & 0.4390 \\ 0.4999 & 0 & 0 & 0 & 0 & -0.4426 & 0 & 0.4999 \\ -0.4999 & 0 & 0 & 0 & 0 & 0 & 0.4426 & 0.4999 \\ 0 & 0.3038 & 0.3038 & 0.4390 & 0.4390 & 0.4999 & 0.4999 & 0 \end{bmatrix}$$

可以求得 2.2.3 节的六阶非对称滤波器的 $N+2$ 阶耦合矩阵为

$$M = \begin{bmatrix} 0 & 0.3425 & -0.3025 & 0.4147 & -0.4942 & -0.4524 & 0.5011 & 0 \\ 0.3425 & 1.2537 & 0 & 0 & 0 & 0 & 0 & 0.3425 \\ -0.3025 & 0 & -1.1759 & 0 & 0 & 0 & 0 & 0.3025 \\ 0.4147 & 0 & 0 & -1.0854 & 0 & 0 & 0 & 0.4147 \\ -0.4942 & 0 & 0 & 0 & 0.9727 & 0 & 0 & 0.4942 \\ -0.4524 & 0 & 0 & 0 & 0 & -0.5880 & 0 & 0.4524 \\ 0.5011 & 0 & 0 & 0 & 0 & 0 & 0.1964 & 0.5011 \\ 0 & 0.3425 & 0.3025 & 0.4147 & 0.4942 & 0.4524 & 0.5011 & 0 \end{bmatrix}$$

2.3 广义切比雪夫滤波器函数双带频率变换综合方法

将单带滤波器变换为双带滤波器,要经过两次频率变换。首先,将归一化的单带低通滤波器变换为归一化的双带滤波器;然后,再经过一次变换,将归一化的双带滤波器变为实际频率的双带滤波器。如图2.5所示,在频率变换的过程中,应用到了三个频率变量:一是归一化的低通频率变量 Ω;二是双带归一化中间变量 Ω';三是实际的频率变量 ω。

2.3.1 对称的双带频率变换方法

广义切比雪夫低通滤波器的传输函数表示为

$$T^2(s) = S_{21}^2(s) = \frac{1}{1 + \varepsilon^2 C_N^2(s)} \tag{2.53}$$

其中 $s = j\Omega$,ε 为通带内等纹波系数,$C_N(s)$ 为广义切比雪夫低通滤波器函数。现在用广义切比雪夫低通滤波器的传输零点和反射零点来描述。

$$C_N(\omega) = \frac{\prod_{i=1}^{N}(s - s_{\mathrm{p}i})}{\prod_{j=1}^{K}(s - s_{zj})} \quad (K \leqslant N) \tag{2.54}$$

其中 $s_{\mathrm{p}i}$ 为传输极点,也称反射零点,即滤波器功率最佳传输点;s_{zj} 为传输零点。

假定广义切比雪夫低通滤波器的传输函数关于纵轴对称,双带频率变换过程如图2.5所示。这样通过频率变换获得的广义切比雪夫双带滤波器的传输零点的个数为 $2K$,反射零点的个数是 $2N$。低通带的频率范围 js' 为 $-j$ 至 $-j\Omega'_k$,高通带的频率范围 js' 为 $j\Omega'_k$ 至 j。

(1) 实现单带归一化频率向双带归一化频率变换。
频率变换公式如下:

$$s = \frac{s'}{a_1} + \frac{a_2}{s'} \quad (\Omega' > 0) \tag{2.55}$$

$$s = -\left(\frac{s'}{a_1} + \frac{a_2}{s'}\right) \quad (\Omega' < 0) \tag{2.56}$$

其中 s' 是从原型 s 平面映射过来的频率变量。如图2.5所示,s 在 Ω 域从归一化频率 -1 到 1 变化时,映射到 s' 在 $\Omega' > 0$ 域从归一化频率 Ω'_k 到 1 变化。将式(2.55)变形为

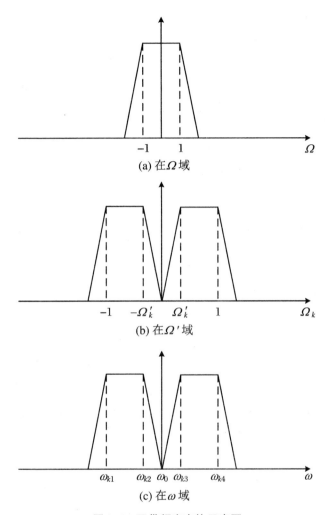

图 2.5 双带频率变换示意图

$$s'^2 - sa_1 s' + a_1 a_2 = 0 \tag{2.57}$$

求解得

$$s' = \frac{sa_1 \pm \sqrt{(sa_1)^2 - 4a_1 a_2}}{2} \tag{2.58}$$

将 $s = \mathrm{j}\Omega$ 代入式(2.58)并化简得

$$s' = \frac{\mathrm{j}\Omega a_1 \pm \mathrm{j}a_1\sqrt{\Omega^2 + \dfrac{4a_2}{a_1}}}{2} \tag{2.59}$$

当 $s = \mathrm{j}$ 时,$s' = \mathrm{j}$;当 $s = -\mathrm{j}$ 时,$s' = \mathrm{j}\Omega'_k$。因此得到

$$\begin{cases} 1 = \dfrac{a_1}{2}(1 + \sqrt{1 + 4a_2/a_1}) \\ \Omega'_k = \dfrac{a_1}{2}(1 - \sqrt{1 + 4a_2/a_1}) \end{cases} \quad (2.60)$$

从图 2.5 可知，$s' = j$ 和 $s' = -j\Omega'_k$ 时，$s = j$。当 $s' = -j$ 和 $s' = j\Omega'_k$ 时，$s = -j$。将 $s' = j, s = j$ 代入式(2.55)则有

$$j = \frac{j}{a_1} + \frac{a_2}{j} \quad (2.61)$$

将 $s' = j\Omega_k, s = -j$ 代入式(2.55)则有

$$-j = \frac{j\Omega_k}{a_1} + \frac{a_2}{j\Omega_k} \quad (2.62)$$

联立式(2.61)、式(2.62)求解得

$$a_1 = 1 - \Omega'_k, \quad a_2 = \frac{\Omega'_k}{1 - \Omega'_k} \quad (2.63)$$

因此，已知 a_1、a_2 可以求得 Ω'_k，而已知 Ω'_k 也可以求得 a_1、a_2。这样就很容易实现归一化单带到归一化双带频率变换。

(2) 实现归一化双带到实际频率的双带变换。

频率变换公式为

$$s' = \frac{\tilde{\omega}}{l_1} + \frac{l_2}{\tilde{\omega}} \quad (\omega > 0) \quad (2.64)$$

其中 $\tilde{\omega} = j\omega$。由图 2.5 知，Ω' 域的值 1、Ω'_k、$-\Omega'_k$、-1 分别映射到 ω 域的 ω_{k4}、ω_{k3}、ω_{k2}、ω_{k1}。将这些值代入式(2.64)有

$$j = \frac{j\omega_{k4}}{l_1} + \frac{l_2}{j\omega_{k4}} \quad (2.65)$$

$$j\Omega'_k = \frac{j\omega_{k3}}{l_1} + \frac{l_2}{j\omega_{k3}} \quad (2.66)$$

$$-j\Omega'_k = \frac{j\omega_{k2}}{l_1} + \frac{l_2}{j\omega_{k2}} \quad (2.67)$$

$$-j = \frac{j\omega_{k1}}{l_1} + \frac{l_2}{j\omega_{k1}} \quad (2.68)$$

联立式(2.65)~式(2.68)求解得

$$l_1 = \omega_{k4} - \omega_{k1}, \quad l_2 = \frac{\omega_{k4}\omega_{k1}}{\omega_{k4} - \omega_{k1}}, \quad \Omega'_k = \frac{\omega_{k3} - \omega_{k2}}{\omega_{k4} - \omega_{k1}} \quad (2.69)$$

综合实例 下面以一个具体实例来说明单带滤波器变换为双带滤波器的过程。

设计一个双带滤波器，低通带的频率范围为 2.9 GHz~2.95 GHz，高通带的频率范围 3.05 GHz~3.10 GHz，双频段关于 $\omega_0 = 3$ GHz 的中心对称，带内回波损耗为 22 dB。

从给出的条件得出 $\omega_{k1} = 2.90, \omega_{k2} = 2.95, \omega_{k3} = 3.05, \omega_{k4} = 3.10$,根据式(2.69)求得 $\Omega'_k = 0.5$,根据式(2.63)求得 $a_1 = 0.5, a_2 = 1$。现已知单带低通滤波器的四个传输零点分别为 $j1.5, -j1.5, j\infty, -j\infty$,带内回波损耗为 22 dB,根据 2.2 节讲的广义切比雪夫滤波器函数综合方法,$P(\omega)$、$F(\omega)$、$E(\omega)$ 和 ε 分别求解为

$$P(\Omega) = \Omega^2 - 2.25$$
$$F(\Omega) = \Omega^4 - 1.730\Omega^2 + 0.1641, \quad \varepsilon = 0.8666$$
$$E(\Omega) = \Omega^4 - j2.423\Omega^3 - 4.009\Omega^2 + j3.81\Omega + 2.601$$

$P(\Omega)$、$F(\Omega)$ 和 $E(\Omega)$ 的根在表 2.3 中列出。

得出多项式后,将式(2.14)和式(2.15)取绝对值,再取对数后可以绘出 S 参数响应曲线,如图 2.6 所示。通过短路导纳参数推导得到的耦合矩阵为

$$M = \begin{bmatrix} 0 & 0.861 & 0 & -0.476 \\ 0.861 & 0 & -0.911 & 0 \\ 0 & 0.911 & 0 & -0.861 \\ -0.476 & 0 & -0.861 & 0 \end{bmatrix}$$

表 2.3 四阶单带滤波器各多项式的根

	传输零点,$P(\Omega)$的根	反射零点,$F(\Omega)$的根	传输或反射奇点,$E(\Omega)$的根
1	$-j1.5$	$-j0.9424$	$-0.7964 + j1.020$
2	$j1.5$	$j0.9424$	$-1.231 + j0.1914$
3	$-\infty$	$-j0.4299$	$0.7964 + j1.020$
4	∞	$j0.4299$	$1.231 + j0.1914$

将 $a_1 = 0.5, a_2 = 1$ 与单带归一化广义切比雪夫滤波器反射零点和传输零点代入式(2.59)得

$$s' = \frac{j\Omega a_1 \pm ja_1\sqrt{\Omega^2 + \frac{4a_2}{a_1}}}{2} = \frac{j0.5(\Omega \pm \sqrt{\Omega^2 + 8})}{2} \quad (2.70)$$

应用式(2.70)求得双带滤波器的传输零点和反射零点,然后运用广义切比雪夫滤波器函数综合方法求得 $E(s')$ 的根。$P(\Omega')$、$F(\Omega')$ 和 $E(\Omega')$ 的根在表 2.4 中列出。

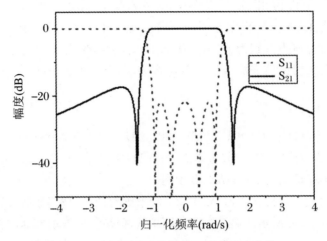

图 2.6　四阶单带滤波器的 S 参数响应曲线

表 2.4　八阶双带滤波器各多项式的根

	传输零点，$P(\Omega')$ 的根	反射零点，$F(\Omega')$ 的根	传输或反射奇点，$E(\Omega')$ 的根
1	j1.175	j0.5097	$-0.06567 + \text{j}1.066$
2	j0.4254	$-\text{j}0.9809$	$-0.06567 - \text{j}1.066$
3	$-\text{j}0.4254$	j0.9809	$-0.1711 + \text{j}0.5115$
4	$-\text{j}1.175$	$-\text{j}0.5097$	$-0.2941 + \text{j}0.8791$
5	0	j0.6078	$-0.2941 - \text{j}0.8791$
6	0	$-\text{j}0.6078$	$-0.02879 - \text{j}0.4673$
7	—	$-\text{j}0.8227$	$-0.1711 - \text{j}0.5115$
8	—	j0.8227	$-0.02879 + \text{j}0.4673$

需要特别说明的是，滤波器是四阶滤波器，有两个有限传输零点，还有两个传输零点位于正、负无穷远处，在进行双带变换时，单带无穷远处的传输零点对应双带在零处的传输零点。得到双带的传输零点和反射零点后，应用广义切比雪夫滤波器函数综合方法可以得到双带各个多项式的表达式。

$$P(\Omega') = \Omega'^6 + 1.5625\Omega'^4 + 0.25\Omega'^2$$

$$F(\Omega') = \Omega'^8 + 2.2682\Omega'^6 + 1.7785\Omega'^4 + 0.56706\Omega'^2 + 0.0625$$

$$E(\Omega') = \Omega'^8 + 1.119\Omega'^7 + 2.895\,\Omega'^6 + 2.087\,\Omega'^5 + 2.524\,\Omega'^4 + 1.044\Omega'^3 + 0.7237\Omega'^2 + 0.1399\Omega' + 0.062$$

从而可以得到双带滤波器的归一化 S 参数响应曲线，如图 2.7 所示。

最后，通过式(2.69)计算出 l_1、l_2，再通过式(2.71)将频率域从 Ω' 域映射到实际频率域 ω 域，得到实际频率的 S 参数响应曲线如图 2.8 所示。

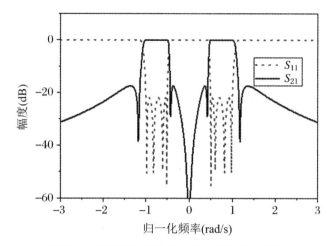

图 2.7 双带滤波器的归一化 S 参数响应曲线

$$\omega = \frac{l_1}{2}(\Omega' + \sqrt{1 + 4l_2/l_1}) \tag{2.71}$$

通过 $P(\Omega')$、$F(\Omega')$ 和 $E(\Omega')$ 的系数得到耦合矩阵，然后将其旋转消元，得到折叠型的 $N+2$ 阶即十阶耦合矩阵为

$$M = \begin{bmatrix} 0 & 0.7481 & 0.0000 & 0.0000 & 0.0000 & 0.0000 & 0.0000 & 0.0000 & 0.0000 & 0 \\ 0.7481 & 0.0000 & 0.8215 & -0.0000 & 0.0000 & 0.0000 & -0.0000 & -0.0000 & -0.2045 & 0.0000 \\ 0.0000 & 0.8215 & -0.0000 & 0.4075 & 0 & 0 & 0 & 0.1129 & 0.0000 & 0.0000 \\ 0.0000 & -0.0000 & 0.4075 & 0 & 0.4750 & 0 & 0.5746 & 0.0000 & -0.0000 & 0.0000 \\ 0.0000 & 0.0000 & 0 & 0.4750 & 0.0000 & -0.2519 & 0.0000 & 0.0000 & -0.0000 & 0.0000 \\ 0.0000 & 0.0000 & 0 & 0.0000 & -0.2519 & 0.0000 & 0.4750 & 0.0000 & -0.0000 \\ 0.0000 & -0.0000 & 0 & 0.5746 & 0.0000 & 0.4750 & -0.0000 & 0.4075 & -0.0000 & 0.0000 \\ 0.0000 & 0.0000 & 0.1129 & 0.0000 & 0.0000 & 0.0000 & 0.4075 & -0.0000 & 0.8215 & -0.0000 \\ 0.0000 & -0.2045 & 0.0000 & -0.0000 & 0.0000 & -0.0000 & -0.0000 & 0.8215 & 0.0000 & 0.7481 \\ 0 & 0.0000 & 0.0000 & 0.0000 & 0.0000 & -0.0000 & 0.0000 & -0.0000 & 0.7481 & 0 \end{bmatrix}$$

2.3.2 非对称的双带滤波器的频率变换方法

当单带低通滤波器非对称时，可以通过转换式(2.72)变换得到双带滤波器。

$$s = k_1 s'^2 + k_2 \tag{2.72}$$

当 $s' = \pm j$ 时，$s = j$；当 $s' = \pm j\Omega_k'$ 时，$s = -j$。代入式(2.72)解得

$$\begin{cases} k_1 = -j2/(1 - \Omega_k'^2) \\ k_2 = -j(1 + \Omega_k'^2)/(1 - \Omega_k'^2) \end{cases} \tag{2.73}$$

将式(2.73)代入到式(2.70)得

$$\Omega_i' = j\sqrt{\frac{1}{2}[(1 + \Omega_k'^2) - js_i(1 - \Omega_k'^2)]}, \quad \Omega_{N+i}' = \Omega_i'^* \tag{2.74}$$

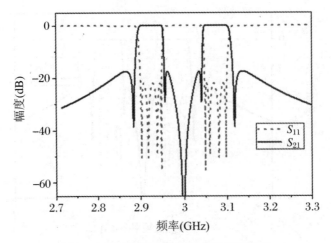

图 2.8 双带实际频率的 S 参数响应曲线

若低通模型的滤波器是 N 阶的,有限传输零点为 n_z,反射零点为 N,则通过式(2.74)变换后得到双带的有限传输零点为 $2n_z$,反射零点为 $2N$。在 $s = \mathrm{j}\Omega$ 域,$s_i = -\mathrm{j}(1 + \Omega_k'^2)/(1 - \Omega_k'^2)$ 的传输零点映射到 $s' = \mathrm{j}\Omega'$ 域的 $\Omega' = 0$ 的传输零点。下面用实例说明将低通模型为非对称的单带滤波器变换为双带滤波器的步骤。

综合实例 实现一个 2.9 GHz~2.95 GHz 和 3.05 GHz~3.10 GHz 非对称的双带滤波器,带内回波损耗为 24 dB。已知归一化低通滤波器的传输零点为 $-\mathrm{j}1.4380$、$-\mathrm{j}1.2117$,无穷远处有两个传输零点,带内回波损耗为 24 dB。

通过广义切比雪夫滤波器函数综合得到非对称低通滤波器的多项式 $P(s)$、$E(s)$ 和 $F(s)$ 的根如表 2.5 所示。

表 2.5 四阶单带非对称滤波器各多项式的根

	传输零点,$P(s)$ 的根	反射零点,$F(s)$ 的根	传输或反射奇点,$E(s)$ 的根
1	$-\mathrm{j}1.4380$	$\mathrm{j}0.8413$	$-0.9670 + \mathrm{j}1.5750$
2	$-\mathrm{j}1.2117$	$-\mathrm{j}0.9778$	$-1.2310 + \mathrm{j}0.1914$
3	$-\mathrm{j}\infty$	$-\mathrm{j}0.7445$	$-0.0692 - \mathrm{j}1.0845$
4	$\mathrm{j}\infty$	$\mathrm{j}0.0510$	$-0.3669 - \mathrm{j}1.0477$

通过广义切比雪夫滤波器函数综合方法绘出四阶非对称低通滤波器的 S 参数响应曲线如图 2.9 所示。令 $\Omega_k' = 0.6$,通过式(2.74)求得双带频率变换的多项式 $P(s')$、$E(s')$ 和 $F(s')$ 的根如表 2.6 所示。根据双带的多项式与 S 参数的关系,得到双带归一化频率的 S 参数响应曲线如图 2.10 所示。

令 $\omega_{k1} = 2.90$,$\omega_{k2} = 2.95$,$\omega_{k3} = 3.05$,$\omega_{k4} = 3.10$,通过式(2.69)计算出 l_1、l_2,再通过式(2.71)将频率域从 Ω' 域映射到实际频率域 ω 域,得到实际频率的 S

参数响应曲线如图 2.11 所示。从 S 参数响应曲线的结果来看,基于广义切比雪夫滤波器函数综合的非对称双带频率变换方法是正确的,能够实现单带向双带通信频段的扩展。

表 2.6 双带非对称滤波器各多项式的根

	传输零点,$P(s')$ 的根	反射零点,$F(s')$ 的根	传输或反射奇点,$E(s')$ 的根
1	$-j0.4689$	$j0.9743$	$-0.1410+j1.0972$
2	$j0.4689$	$-j0.9743$	$-0.1410-j1.0972$
3	$j0.5406$	$j0.6059$	$-0.2558+j0.7910$
4	$-j0.5406$	$-j0.6059$	$-0.2558-j0.7910$
5	$-j\infty$	$j0.6647$	$-0.0986+j0.5954$
6	$j\infty$	$-j0.6647$	$-0.0986-j0.5954$
7	$-j\infty$	$j0.8147$	$-0.0192+j0.5774$
8	$j\infty$	$-j0.8147$	$-0.0192-j0.5774$

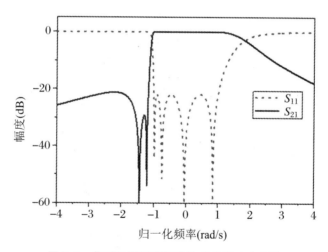

图 2.9 非对称低通滤波器的 S 参数响应曲线

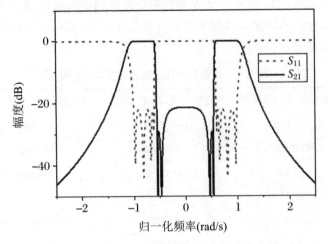

图 2.10 双带归一化频率的 S 参数响应曲线

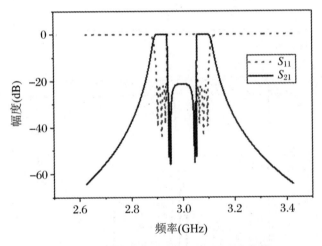

图 2.11 双带实际频率的 S 参数响应曲线

本 章 小 结

广义切比雪夫滤波器又称为准椭圆函数滤波器,它介于切比雪夫滤波器和椭圆函数滤波器之间,具有优秀的带内特性和陡峭的边沿特性。广义切比雪夫滤波器的传输零点位置可以被灵活控制,可以用这一特性来提高滤波器选择性和阻带隔离性。根据广义切比雪夫滤波器函数综合方法、耦合矩阵综合方法和单带向多带的频率转换方法,可以设计性能优异的多带滤波器。

现将单带滤波器扩展为双带滤波器的方法步骤进行总结。

第一步:首先,根据所要设计的滤波器的阶数、滤波器传输零点的位置以及带内的纹波系数,应用广义切比雪夫滤波器函数综合方法得到广义切比雪夫滤波器函数多项式;其次,根据多项式与 S 参数的关系可以得到散射 S 参数 S_{11} 和 S_{21} 的表达式;最后,根据多项式与短路导纳参数的关系综合得到单带滤波器的耦合矩阵。

第二步:首先,根据对称的或非对称的单带向双带的频率转换公式,从已知的单带的反射零点和传输零点得到双带的反射零点和传输零点,从而构建双带广义切比雪夫滤波器函数多项式;其次,根据多项式与 S 参数的关系可以得到双带散射参数 S_{11} 和 S_{21} 的表达式;最后,根据多项式与短路导纳参数的关系综合得到双带滤波器的耦合矩阵。

第三步:将双带归一化频率域映射到实际频率域,得到实际频率的 S 参数响应曲线。

提炼出耦合矩阵以后,根据需要设计的滤波器的拓扑结构,进行耦合矩阵变形,应用耦合系数特性指导滤波器的物理电路设计,这将在第 3 章进行研究。

第 3 章 三带、四带微带滤波器研究与设计

本章以第 2 章介绍的广义切比雪夫滤波器函数综合方法和耦合矩阵综合方法为基础,结合单带向三带、四带的频率转换方法,得到了多带耦合矩阵。并以此指导滤波器物理电路的设计。本章主要着眼于三带、四带微带滤波器的研究与设计。

3.1 三带微带滤波器的研究与设计

3.1.1 三带频率变换综合方法

将单带滤波器变换为三带滤波器,要经过两次频率变换。首先,将归一化频率的单带低通滤波器变换为归一化频率的三带滤波器;然后,再经过一次变换,将归一化频率的三带滤波器转换为实际频率的三带滤波器。如图 3.1 所示,在频率变换的过程中,应用到了三个频率变量:一是归一化的低通频率变量 Ω;二是双带归一化中间变量 Ω';三是实际的频率变量 ω。

假定广义切比雪夫低通滤波器的传输函数关于纵轴对称。三带滤波器的传输函数可以通过频率变换公式得到,将沿传输函数对称轴对称的单带变换为沿传输函数对称轴对称的三带,如图 3.1 所示。这样通过频率变换以后广义切比雪夫三带滤波器的传输零点和反射零点的个数分别为单带滤波器的传输零点和反射零点个数的 3 倍。低通带的频率范围为 $-j$ 至 $-j\Omega'_{k2}$,第二通带的频率范围为 $-j\Omega'_{k1}$ 至 $j\Omega'_{k1}$,高通带的频率范围为 $j\Omega'_{k2}$ 至 j。

将归一化频率的单带低通滤波器变换为归一化频率的三带滤波器。
频率变换公式如下:

$$s = \frac{s'}{a_1} + \frac{a_2}{s' - j\Omega'_{kz}} + \frac{a_2}{s' + j\Omega'_{kz}} \quad (3.1)$$

其中 s' 是从原型 s 平面映射过来的频率变量。如图 3.1 所示,s 在 Ω 域从归一化频率 -1 到 1 变化时,映射到 s' 在 Ω' 域的第一通带、第二通带和第三通带分别从 -1 到 $-\Omega'_{k2}$,$-\Omega'_{k1}$ 到 Ω'_{k1} 和 Ω'_{k2} 到 1 变化。将上面的映射关系代入式(3.1)得

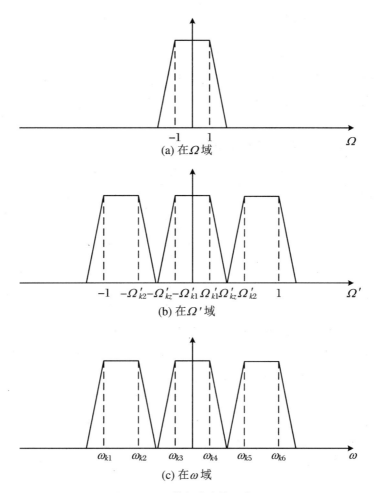

图 3.1 三带频率变换示意图

$$\frac{1}{a_1} - \frac{a_2}{1 - \Omega'_{kz}} - \frac{a_2}{1 + \Omega'_{kz}} = 1 \tag{3.2}$$

$$\frac{\Omega'_{k2}}{a_1} - \frac{a_2}{\Omega'_{k2} - \Omega'_{kz}} - \frac{a_2}{\Omega'_{k2} + \Omega'_{kz}} = -1 \tag{3.3}$$

$$\frac{\Omega'_{k1}}{a_1} - \frac{a_2}{\Omega'_{k1} - \Omega'_{kz}} - \frac{a_2}{\Omega'_{k1} + \Omega'_{kz}} = 1 \tag{3.4}$$

若已知 Ω'_{k1} 和 Ω'_{k2}，联立式(3.2)~式(3.4)求解得

$$\Omega'_{kz} = \sqrt{\frac{\Omega'_{k1} \Omega'_{k2}}{\Omega'_{k1} - \Omega'_{k2} + 1}} \tag{3.5}$$

$$a_1 = \Omega'_{k1} - \Omega'_{k2} + 1 \tag{3.6}$$

$$a_2 = -\frac{-\Omega_{k1}^{'2} + \Omega_{k2}^{'2} + \Omega_{k1}^{'2} + \Omega_{k1}^{'2}\Omega_{k2}^{'2} - 2\Omega_{k1}^{'}\Omega_{k2}^{'} + \Omega_{k1}^{'} + \Omega_{k2}^{'2} - \Omega_{k2}^{'}}{2(\Omega_{k1}^{'} - \Omega_{k2}^{'} + 1)^2} \quad (3.7)$$

若已知 a_1、a_2、$\Omega_{kz}^{'}$ 以及低通模型的传输零点和反射零点,将其代入式(3.1)即可求得三带对应的传输零点和反射零点,现在用实例来说明三带频率变换过程。

综合实例 已知一低通滤波器是传输零点为 ±j25,带内回波损耗为 20 dB 的四阶广义切比雪夫滤波器。通过广义切比雪夫滤波器函数综合得到低通滤波器的多项式 $P(s)$、$E(s)$ 和 $F(s)$ 的根如表 3.1 所示。

表 3.1 四阶单带滤波器各多项式的根

	传输零点,$P(s)$ 的根	反射零点,$F(s)$ 的根	传输或反射奇点,$E(s)$ 的根
1	-j25	-j0.9240	-0.3132 + j1.1947
2	j25	j0.9240	-0.3132 - j1.1947
3	-j∞	-j0.3829	-0.7581 - j0.4957
4	j∞	j0.3829	-0.7581 + j0.4957

通过广义切比雪夫滤波器函数综合绘出单带滤波器的 S 参数响应曲线,如图 3.2 所示。

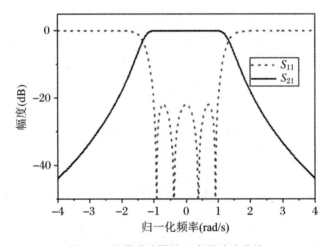

图 3.2 单带滤波器的 S 参数响应曲线

在进行三带变换时,首先假定 $\Omega_{k1}^{'} = 0.0550$,$\Omega_{k2}^{'} = 0.890$,通过求解得到 $a_1 = 0.1650$,$a_2 = 1.7796$,$\Omega_{kz}^{'} = 0.5447$;然后将 $s = j20$,$s = j0.9240$ 代入式(3.1)求得三带的传输零点和反射零点;求得传输零点和反射零点后取其共轭,得到传输零点 $P(s')$ 和反射零点 $F(s')$,再根据 $E(s')$ 与 $P(s')$ 和 $F(s')$ 的关系求出 $E(s')$ 的根,如表 3.2 所示。

表 3.2 三带滤波器各多项式的根

	传输零点，$P(s')$的根	反射零点，$F(s')$的根	传输或反射奇点，$E(s')$的根
1	$-j0.4513$	$-j0.0509$	$-0.1476 + j1.0619$
2	$j0.4513$	$j0.0509$	$-0.1476 - j1.0619$
3	$-j0.6246$	$j0.8935$	$-0.0688 + j0.8300$
4	$j0.6246$	$-j0.8935$	$-0.0688 - j0.8300$
5	$-j3.4731$	$-j0.9951$	$-0.0977 + j0.1238$
6	$j3.4731$	$j0.9951$	$-0.1630 - j0.1238$

通过广义切比雪夫滤波器函数综合方法可以得到归一化频率三带参数的响应曲线。三带实际频率的响应范围为 $\omega_{k1}=2.4\ \text{GHz}$，$\omega_{k2}=2.95\ \text{GHz}$，$\omega_{k3}=3.55\ \text{GHz}$，$\omega_{k4}=3.55\ \text{GHz}$，$\omega_{k5}=5.35\ \text{GHz}$，$\omega_{k6}=5.65\ \text{GHz}$，通过式(2.69)计算出 l_1、l_2，再通过式(2.71)将频域从 Ω' 转换到实际频率 ω 域，最后将归一化频率三带 S 参数转换为实际频率三带 S 参数。图 3.3 为三带归一化频率的 S 参数响应曲线，图 3.4 为三带实际频率的 S 参数响应曲线。

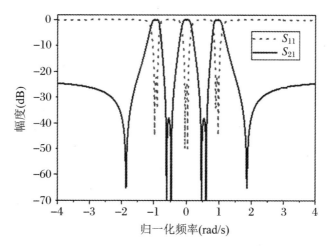

图 3.3 三带归一化频率的 S 参数响应曲线

通过耦合矩阵综合，最终得到折叠型的耦合矩阵为

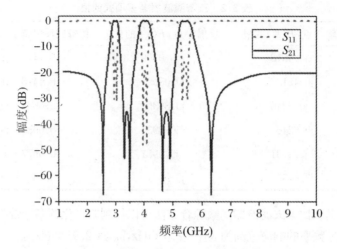

图 3.4 三带实际频率的 S 参数响应曲线

$$M = \begin{bmatrix} 0 & 0.5606 & 0.0000 & 0.0000 & -0.0000 & -0.0000 & -0.0000 & 0.0103 \\ 0.5606 & -0.0000 & 0.7663 & 0 & 0 & 0 & -0.7610 & 0.0001 \\ 0.0000 & 0.7663 & 0.0000 & 0.5447 & 0 & -0.0037 & -0.0000 & 0.0000 \\ 0.0000 & 0 & 0.5447 & 0.0000 & -0.0090 & -0.0000 & 0.0000 & -0.0000 \\ -0.0000 & 0 & -0.0000 & -0.0090 & 0.0000 & 0.5447 & 0.0000 & 0.0000 \\ -0.0000 & 0 & -0.0037 & -0.0000 & 0.5447 & 0.0000 & 0.7663 & 0.0000 \\ -0.0000 & -0.7610 & -0.0000 & 0.0000 & -0.0000 & 0.7663 & 0.0000 & 0.5605 \\ 0.0103 & 0.0001 & 0.0000 & -0.0000 & 0.0000 & 0.0000 & 0.5605 & 0 \end{bmatrix}$$

在这一节中,基于广义切比雪夫滤波器函数综合、耦合矩阵综合和三带频率转换方法实现了滤波器的通带数目由单带向三带的扩展,现在对该方法步骤进行总结。

第一步:给出低通滤波器设计的参数指标,即传输零点、阶数和通带内的回波损耗。应用广义切比雪夫滤波器函数综合方法得出广义切比雪夫滤波器的多项式,从而得到滤波器的反射零点,再根据滤波器的散射 S 参数与多项式之间的关系,得出耦合矩阵,画出归一化频率的 S 参数响应曲线和实际频率 S 参数响应曲线。

第二步:根据单带向三带频率转换的关系式,求解得到三带归一化的反射零点和传输零点。再根据反射零点和传输零点得到广义切比雪夫三带的多项式表达式,最后根据滤波器的散射 S 参数与多项式之间的关系,得到耦合矩阵,画出归一化频率的 S 参数响应曲线和实际频率的 S 参数响应曲线。

例如,传输零点在 j2、-j2、j∞、-j∞ 处,阶数为四阶,带内回波损耗为 24 dB 的单带低通滤波器,应用散射 S 参数与多项式 $P(s)$、$F(s)$、$E(s)$ 之间的关系,画出单带归一化频率的 S 参数响应曲线如图 3.5 所示。

应用单带向三带频率转换的关系式,求解得到三带归一化的反射零点和传输零点。再根据反射零点和传输零点得到广义切比雪夫三带的多项式表达式。根据滤波器的散射 S 参数与多项式之间的关系得到三带归一化频率的 S 参数响应曲线如图 3.6 所示，此时得到了每个通带两侧各有一对传输零点，每个通带内部有两个反射零点的三带滤波器。由于传输零点和反射零点的位置可以被灵活控制，因此每个通带具有良好的选择性和通带隔离性。再经过一次实际频率映射，得到了如图 3.7 所示的三带实际频率的 S 参数响应曲线，可以看出其每个通带具有良好的带宽和中心频点。

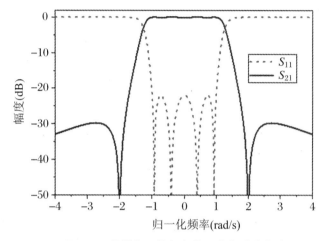

图 3.5　单带归一化频率的 S 参数响应曲线

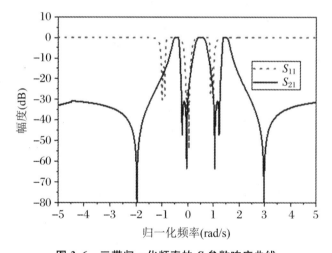

图 3.6　三带归一化频率的 S 参数响应曲线

如图 3.7 所示，第一、二、三通带的中心频点分别映射到 2.4 GHz、3.5 GHz 和 5.5 GHz，可以看出，基于广义切比雪夫滤波器函数综合和三带频率变换的理论是正确可行的。

上面的三带滤波器只是基于 MATLAB 的仿真而实现的，下面具体研究物理实现的方法。在第 2 章中，每一个基于广义切比雪夫滤波器函数的设计，是通过耦

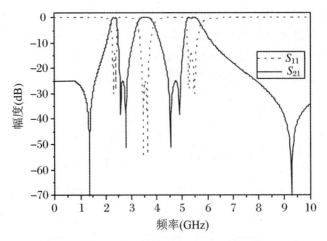

图 3.7 三带实际频率的 S 参数响应曲线

合矩阵综合得到耦合矩阵,而耦合矩阵包含有滤波器元件的一些真实特性,耦合系数反映了器件物理特性,这对电路设计具有重要的指导意义。图 3.8 是归一化三带滤波器的耦合矩阵。耦合系数有的为正值,有的为负值,为正值的表示相邻的两个谐振单元的耦合为磁耦合,为负值的表示相邻谐振单元的耦合为电耦合。从图 3.8 中可以看出耦合矩阵为规范折叠型八阶耦合矩阵,关于主对角线对称,即 $M_{ij} = M_{ji}$,其中源-负载耦合系数 M_{SL} 为正值,因此在物理设计过程中采用磁耦合方式,其中 M_{16}、M_{25}、M_{34} 的耦合系数为负值,意味着谐振单元 1 和 6、2 和 5、3 和 4 之间采用电耦合的方式。因此该三带滤波器的传输零点的引入是基于电磁混合耦合的方式。根据耦合系数提示,可以初步得到三带滤波器设计的拓扑结构图,谐振单元 1、2、3、4、5、6 意味着具有中心谐振频率的谐振通带。为了达到能量的最大传输,谐振单元 1 和 6、2 和 5、3 和 4 之间具有相同的谐振中心频率,因此谐振单元 1 和 6、2 和 5、3 和 4 应具有相同的拓扑结构。控制好电耦合和磁耦合系数的大小,就可以控制好通带带宽、选择性和隔离性。

	S	1	2	3	4	5	6	L
S	0	0.5701	0	0	0	0	0	0.0436
1	0.5701	-0.0000	0.7616	0	0	0	-0.2930	0.0000
2	0	0.7616	0.0000	0.5687	0.0000	-0.0294	-0.0000	0.0000
3	0	0.0000	0.5687	-0.0000	-0.0342	0	0.0000	-0.0000
4	0	0.0000	0.0000	-0.0342	-0.0000	0.5687	0.0000	0.0000
5	0	0.0000	-0.0294	-0.0000	0.5687	0.0000	0.7616	-0.0000
6	0	-0.2930	-0.0000	0.0000	0.0000	0.7616	0.0000	0.5680
L	0.0436	0.0000	0.0000	-0.0000	0.0000	-0.0000	0.5680	0

图 3.8 归一化三带滤波器的八阶耦合矩阵

3.1.2 三带微带滤波器拓扑结构构思与实现

下面介绍物理实现三带滤波器的方法。

根据图 3.8 的耦合矩阵图,初步得到如图 3.9 所示的三带滤波器拓扑结构图。由图 3.9 可以看出,谐振单元 1、2、3 与 4、5、6 应具有相同的物理结构并且呈对称分布,谐振单元 1、2、3 要形成三带的多频谐振效应,谐振单元 4、5、6 同样如此,其是通过电耦合和磁耦合混合耦合的方式在通带外阻带之间引入传输零点。如何设计电耦合和磁耦合的物理路径呢?根据耦合矩阵中的耦合系数指导设计三带滤波器耦合路径中,哪些谐振单元之间引入电耦合,哪些谐振单元之间引入磁耦合或者电磁混合耦合?

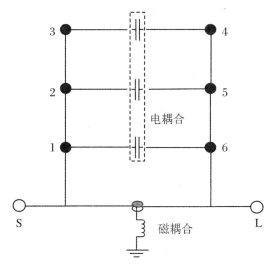

图 3.9 三带滤波器物理拓扑初步结构图

构建具有三带的谐振器。要构建的谐振器具有以下特性:第一,具有多带特性;第二,通带与通带之间要有优秀的隔离性和通带选择性。首先,考虑具有第一个特性的器件,采用阶跃阻抗谐振器,利用谐振频率的寄生特性形成多带特性,通过改变阶跃阻抗谐振器的阻抗比和电长度改变各个通带的中心频率。然后,在谐振器之间通过电耦合和磁耦合方式引入传输零点,来提高通带的选择性和通带与通带之间的隔离性。

3.1.3 改进型阶跃阻抗器谐振器的理论分析

要设计三带谐振器的物理拓扑结构,可以采用改进的 λ/4 阶跃阻抗谐振器,该谐振器由一个闭型方环和两个开路枝节组成,形成具有三模谐振效应的谐振器,如

图 3.10 所示。

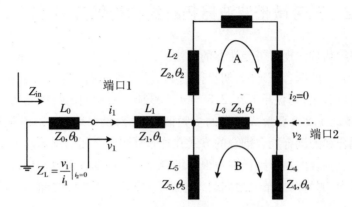

图 3.10　三模(三带)谐振器电路

改进的 λ/4 阶跃阻抗谐振器，将传统的阶跃阻抗谐振器的低阻抗值枝节用闭型方环微带线结构代替，其高阻抗枝节是闭型方环外围的开路枝节。如图 3.10 所示，为了获得闭型方环微带线的输入阻抗，使端口 2 的输出电流 $i_2=0$，然后应用 *ABCD* 参数和 *Y* 参数矩阵求得其等效输入阻抗。其中网络 A 和网络 B 的 *ABCD* 参数矩阵可以分别表示为

$$\begin{bmatrix} A & B \\ C & D \end{bmatrix}_A = \begin{bmatrix} \cos(2\theta_2 + \theta_3) & jZ_2\sin(2\theta_2 + \theta_3) \\ j\dfrac{\sin(2\theta_2 + \theta_3)}{Z_2} & \cos(2\theta_2 + \theta_3) \end{bmatrix} \tag{3.8}$$

$$\begin{bmatrix} A & B \\ C & D \end{bmatrix}_B = \begin{bmatrix} 1 & 0 \\ j\dfrac{\tan\theta_5}{Z_5} & 1 \end{bmatrix} \cdot \begin{bmatrix} \cos\theta_3 & jZ_3\sin\theta_3 \\ j\dfrac{\sin\theta_3}{Z_3} & \cos\theta_3 \end{bmatrix} \cdot \begin{bmatrix} 1 & 0 \\ j\dfrac{\tan\theta_4}{Z_4} & 1 \end{bmatrix} \tag{3.9}$$

则两个开路枝节和闭型方环的 *Y* 参数矩阵可以由 *ABCD* 参数矩阵得到，即

$$\begin{bmatrix} Y_{11} & Y_{12} \\ Y_{21} & Y_{22} \end{bmatrix}_L = \begin{bmatrix} Y_{11} & Y_{12} \\ Y_{21} & Y_{22} \end{bmatrix}_A + \begin{bmatrix} Y_{11} & Y_{12} \\ Y_{21} & Y_{22} \end{bmatrix}_B$$

$$= \begin{bmatrix} \dfrac{D}{B} & -\dfrac{(AD-BC)}{B} \\ -\dfrac{1}{B} & \dfrac{A}{B} \end{bmatrix}_A + \begin{bmatrix} \dfrac{D}{B} & -\dfrac{(AD-BC)}{B} \\ -\dfrac{1}{B} & \dfrac{A}{B} \end{bmatrix}_B \tag{3.10}$$

从而可以得到闭型方环和两个开路枝节的总输入阻抗，即

$$Z_{AB} = \dfrac{Y_{22}Y_{11} - Y_{12}Y_{21}}{Y_{22}} \tag{3.11}$$

则端口 1 的输入阻抗为

$$Z_L = \dfrac{v_1}{i_1}\bigg|_{i_2=0} = Z_1 \dfrac{Z_{AB} + jZ_1\tan\theta_1}{Z_1 + jZ_{AB}\tan\theta_1} \tag{3.12}$$

整个电路的输入电阻为

$$Z_{in} = Z_0 \frac{Z_L + jZ_0 \tan \theta_0}{Z_0 + jZ_L \tan \theta_0} \tag{3.13}$$

为了进一步简化电路,令微带线的特征阻抗 $Z_0 = Z_1 = Z_2 = Z_3 = Z_4 = Z_5$。这里省略繁琐的计算推导,直接用高级设计系统(ADS)对所提出结构的三模特性的单端口进行仿真。其 S 参数 S_{11} 仿真曲线如图 3.11 所示。仿真选用介电常数为 3.66,介质损耗角正切为 0.0037,厚度为 0.508 mm 的罗杰斯(Rogers)RO4350 的介质材料,导电材料选用铜,微带特征阻抗 $Z_0 = 120\ \Omega$,宽度 $w = 0.15$ mm,$L_0 = 2$ mm,$L_1 = 6$ mm,$L_2 = 11.2$ mm,$L_3 = 3.2$ mm,$L_4 = 10.6$ mm,$L_5 = 10.6$ mm。从图 3.11 中可以看出,所提出的改进的 $\lambda/4$ 阶跃阻抗谐振器具有三模谐振特性。若对两开路枝节的电长度进行改变,就可以灵活控制三带谐振频率。在图 3.12 中可以看到各个谐振单元的谐振频率随开路枝节 L_4、L_5 长度的变化而变化,随着长度的增加,三带谐振频率都在减小。三带谐振频率可以通过调整开路枝节的长度而获得。

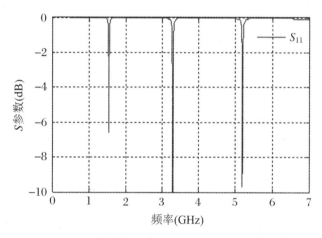

图 3.11　三模谐振器单端口特性 S_{11} 参数仿真曲线

3.1.4　具有多个传输零点紧凑型的三带微带滤波器的设计实现

在图 3.13 中,所设计的三带滤波器微带电路由两个结构相同的三模谐振器通过一个公共接地孔 R_0 连接起来,其在射频电路中等效为电感线圈接地。在源和负载之间以及各个谐振单元之间引入磁耦合。在闭环枝节 L_2 中嵌入一枝节 L_3,也即 L_3 是闭环枝节 L_2 的一边,源边枝节 L_3 与另一个结构相同的三模谐振器的负载边枝节 L_3 以侧边电耦合的方式进行电路耦合,耦合强度的大小随间距 S_1 的变化而变化。高阻抗枝开路枝节 L_4 加载在高阻抗枝节 L_0、L_1 和 L_2 环的一边所

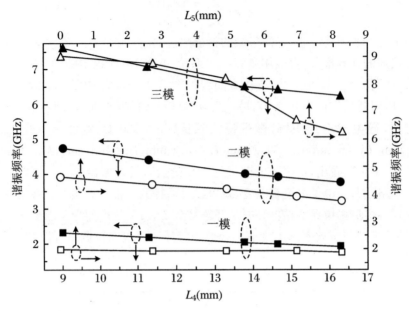

图 3.12 开路枝节 L_4、L_5 对三带谐振频率的影响

组成的半型方框中,高阻抗枝开路枝节 L_5 以侧边耦合的方式嵌入到闭环 L_2 中,枝节 L_6 也即是 L_4 的一部分以侧边耦合的方式与负载边进行电耦合,耦合强度的大小随间距 S_2 的变化而变化。

在图 3.14 中,$R1_{m1}$、$R1_{m2}$ 和 $R1_{m3}$ 代表源边的三个谐振单元的三种谐振模式,$R2_{m1}$、$R2_{m2}$ 和 $R2_{m3}$ 代表负载边的三个谐振单元的三种谐振模式,信号以电磁耦合方式从信号源传送到负载边。信号的频带宽度与接地孔 R_0,耦合线 L_3、L_6 的电长度以及 L_0 的馈电位置有关,信号是通过电耦合和磁耦合的方式进行传输的,接地孔 R_0 提供的占绝对优势的磁耦合路径,缝隙 S_1、S_2 可以等效为射频电容提供了占绝对优势的电耦合路径,具有一定频带宽度的某些频率信号通过电磁耦合的方式从输入端口传送到输出端口。传输零点是由电耦合信号和磁耦合信号在输出端口幅度相等、相位相反,彼此相互抵消而获得的。这样在每个通带低频段阻带和高频带阻带会产生一对传输零点。

为了验证该拓扑结构的有效性,采用 HFSS(High Frequency Structure Simulator)15.0 仿真软件进行仿真,微带介质材料采用罗杰斯 RO4350,HFSS 仿真模型图如图 3.15 所示。整个电路结构紧凑,尺寸较小,其既有多模谐振特性,又通过电磁耦合方式进行滤波器的物理拓扑设计,达到了三带滤波器的设计目标。整个仿真模型结构对称,其由结构相同的三模谐振器组成,每个三模谐振器产生三带,两个三模谐振器谐振频率相近的通带产生共振,达到信号能量传输。

在弱耦合的情况下,谐振器耦合系数由每个通带的两模谐振频率仿真计算得

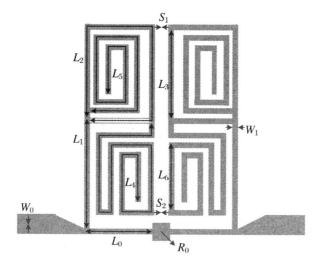

图 3.13 三带滤波器微带电路设计

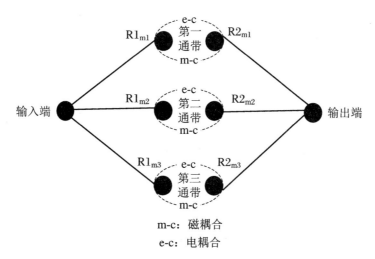

图 3.14 三带滤波器电磁耦合拓扑

到,图 3.16 为每个通带两模谐振频率仿真图,每个通带耦合系数计算公式为

$$k_{i,i} = \frac{f_{Hi}^2 - f_{Li}^2}{f_{Hi}^2 + f_{Li}^2} \tag{3.14}$$

其中 $k_{i,i}$、f_{Hi}、f_{Li} ($i=1,2,3$) 分别为每个谐振通带耦合系数、高端谐振频率和低端谐振频率。$k_{i,i}$ 的大小随 S_1、S_2 间距的大小变化而变化,间距增大,$k_{i,i}$ 减小。$k_{i,i}$ 与广义切比雪夫滤波器耦合矩阵的关系为

$$k_{i,i} = M_{i,i} \times FBW \tag{3.15}$$

其中 FBW 为每个通带的相对带宽。为了得到良好的仿真曲线,经过仿真优化后,确定各个枝节参数如表 3.3 所示。

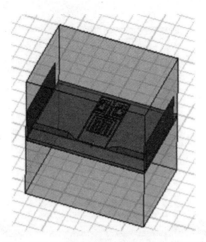

图 3.15 三带滤波器 HFSS 仿真模型图

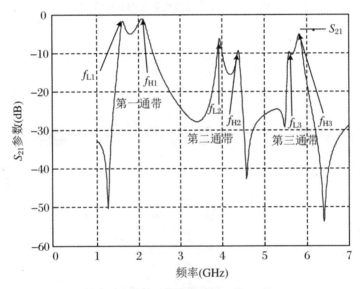

图 3.16 每个通带两模谐振频率仿真图

表 3.3 微带线参数表 （单位：mm）

W_0	W_1	L_0	L_1	L_2	L_3	L_4
1.1	0.15	2	6.5	10.4	3.2	16.5
L_5	L_6	S_1	S_2	R_0		
10.6	2.9	0.15	0.20	0.1		

最后的三带微带滤波器 S 参数仿真图如图 3.17 所示，三个通带中心频率分别为 1.9 GHz/3.5 GHz/5.7 GHz，每个通带两侧各有一对传输零点产生，总共有 6

个传输零点。每个通带的相对带宽分别为 4.0%/5.0%/5.8%，通带与通带之间具有良好的隔离性和通带选择性。

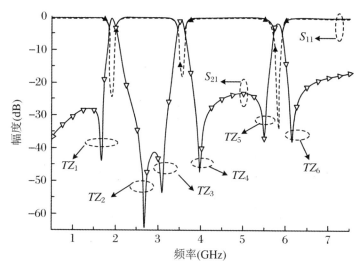

图 3.17 三带微带滤波器 S 参数仿真图

3.1.5 三带微带滤波器电路制作与测试

对所提出的三带滤波器进行了电路设计、制作、投板与测试，使用安捷伦网络分析仪 E8363B 进行测试，测试结果如图 3.18 所示。

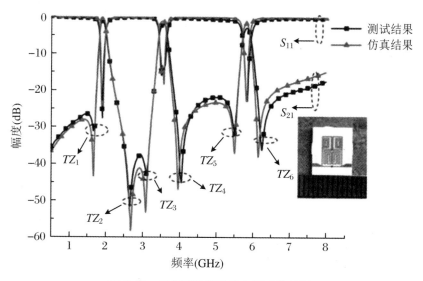

图 3.18 三带滤波器仿真与测试结果图

测试结果与仿真结果高度一致,三个通带的中心频率分别为 1.9 GHz/3.5 GHz/5.75 GHz,通带的相对带宽分别为 6.1%/6.7%/7.8%,通带的最小插入损耗分别是 0.91 dB/1.87 dB/2.04 dB,通带的最大回波损耗分别是 18.6 dB/15.4 dB/19.5 dB。每个通带两侧引入了一对传输零点,共有六个传输零点,在图 3.18 中分别用 $TZ_1 \sim TZ_6$ 表示,TZ_1 位于 1.65 GHz,抑制衰减为 30.14 dB;TZ_2 位于 2.64 GHz,抑制衰减为 51.35 dB;TZ_3 位于 3.06 GHz,抑制衰减为 49.36 dB;TZ_4 位于 3.95 GHz,抑制衰减为 35.15 dB;TZ_5 位于 5.40 GHz,抑制衰减为30.67 dB;TZ_6 位于 6.16 GHz,抑制衰减为 35.15 dB。在表 3.4 中将本工作所设计的三带滤波器与其他文献[95,102,107-110]进行对比,由表可以看出本工作所设计的滤波器具有很好的通带选择性和较好的参数指标,并且结构紧凑,尺寸较小,制板尺寸为(4.2×7.0) mm²,相当于 $0.04\lambda_g \times 0.07\lambda_g$,$\lambda_g$ 为第一通带的中心频率处导波的波长。

表 3.4 本工作所设计三带滤波器与其他文献设计的三带滤波器比较

文献	第一、二、三通带中心频(GHz)	相对带宽(%)	传输零点TZ_S(GHz)	制板尺寸(mm²)
[95]	1.84/2.45/2.98	4.9/3.5/5.7	1.62/2.04/2.34/2.63/3.26	23.1×28.3 ($0.22\lambda_g \times 0.27\lambda_g$)
[102]	1.8/3.5/5.8	7.0/5.0/3.5	1.25/2.27/2.68/4.01/5.10/6.18	5.5×26.4 ($0.108\lambda_g \times 0.521\lambda_g$)
[107]	1.57/2.45/3.50	12.5/8.0/6.0	1.36/1.97/2.05/2.68/3.25/3.94	24.9×17.8 ($0.34\lambda_g \times 0.24\lambda_g$)
[108]	1.575/2.4/3.5	5.2/3.8/4.6	1.26/1.89/2.65/3.1/3.75	49.7×56.2 ($0.36\lambda_g \times 0.41\lambda_g$)
[109]	1.9/4.9/9.0	7.9/10.2/8.9	1.5/2.1/3.5/5.1/6.8/8.2/9.9	10.1×15.2 ($0.10\lambda_g \times 0.16\lambda_g$)
[110]	2.4/3.5/5.2	5/3.7/4.2	1.51/2.21/2.69/3.2/3.79/4.15/4.94/5.58	13.5×19.4 ($0.20\lambda_g \times 0.28\lambda_g$)
本工作	1.9/3.5/5.75	6.1/6.7/7.8	1.65/2.64/3.06/3.95/5.40/6.16	4.2×7.0 ($0.04\lambda_g \times 0.07\lambda_g$)

3.2 四带微带滤波器的研究与设计

3.2.1 四带频率变换综合方法

随着设计频段数目的增多,滤波器频率变换综合方法也越来越复杂,基于广义切比雪夫滤波器函数四带频率变换综合方法与前面论述的方法有些类似。将单带滤波器变换为四带滤波器,也要经过两次频率变换。首先,将归一化频率的单带低通滤波器变换为归一化频率的四带滤波器;然后,再经过一次变换,将归一化频率的四带滤波器变为实际频率的四带滤波器。如图 3.19 所示,在频率变换的过程中,也应用到了三个频率变量:一是归一化的低通频率变量 Ω;二是四带归一化中间变量 Ω';三是实际频率变量 ω。

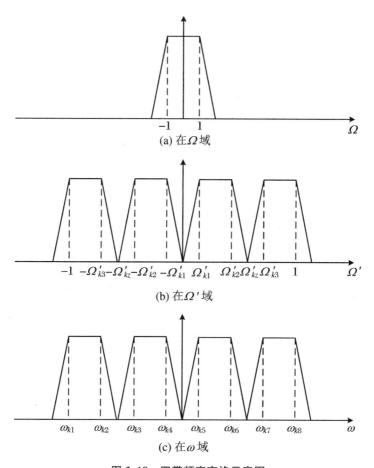

图 3.19 四带频率变换示意图

假定广义切比雪夫低通滤波器的传输函数关于纵轴对称。四带滤波器的传输函数可以通过频率变换公式得到,将沿传输函数对称轴对称的单带变换为沿传输函数对称轴对称的四带。如图 3.19 所示,通过频率变换以后广义切比雪夫四带滤波器的传输零点和反射零点的个数分别为单带滤波器的 4 倍,即若低通模型反射零点的个数为 N,反射零点的个数为 K,则经过四带频率变换后反射零点和传输零点的个数分别为 $4N$ 和 $4K$。第一通带的频率范围 js' 为 $-j$ 至 $-j\Omega'_{k3}$,第二通带的频率范围 js' 为 $-j\Omega'_{k2}$ 至 $-j\Omega'_{k1}$,第三通带的频率范围 js' 为 $j\Omega'_{k1}$ 至 $j\Omega'_{k2}$,第四通

带频率范围 js' 为 $j\Omega'_{k3}$ 至 j。

将归一化频率的单带转换为归一化频率的四带。

频率变换公式如下：

$$s = \frac{s'}{a_0} + \frac{a_1}{s'} + \frac{a_2}{s' - j\Omega'_{kz}} + \frac{a_2}{s' + j\Omega'_{kz}} \qquad (3.16)$$

其中 s' 是从原型 s 平面映射过来的频率变量。由图 3.19 可知，s 在 Ω 域归一化频率从 -1 到 1 变化时，分别映射到 s' 在 Ω' 域的第一通带、第二通带、第三通带和第四通带 -1 到 $-\Omega'_{k3}$，$-\Omega'_{k2}$ 到 $-\Omega'_{k1}$，Ω'_{k1} 到 Ω'_{k2}，Ω'_{k3} 到 1 变化。将上面的映射关系代入式(3.16)得

$$\frac{1}{a_0} - \frac{a_1}{1} - \frac{a_2}{1 - \Omega'_{kz}} - \frac{a_2}{1 + \Omega'_{kz}} = 1 \qquad (3.17)$$

$$\frac{\Omega'_{k2}}{a_0} - \frac{a_1}{\Omega'_{k2}} - \frac{a_2}{\Omega'_{k2} - \Omega'_z} - \frac{a_2}{\Omega'_{k2} + \Omega'_z} = 1 \qquad (3.18)$$

$$\frac{\Omega'_{k1}}{a_0} - \frac{a_1}{\Omega'_{k1}} - \frac{a_2}{\Omega'_{k1} - \Omega'_z} - \frac{a_2}{\Omega'_{k1} + \Omega'_z} = -1 \qquad (3.19)$$

$$\frac{\Omega'_{k3}}{a_0} - \frac{a_1}{\Omega'_{k3}} - \frac{a_2}{\Omega'_{k3} - \Omega'_z} - \frac{a_2}{\Omega'_{k3} + \Omega'_z} = -1 \qquad (3.20)$$

假设 Ω'_{k1}、Ω'_{k2} 和 Ω'_{k3} 已知，联立上面四式求解得到

$$\Omega'_{kz} = \sqrt{-\frac{\Omega'_{k1}\Omega'_{k2} - \Omega'_{k1}\Omega'_{k3} + \Omega'_{k2}\Omega'_{k3} - \Omega'_{k1}\Omega'_{k2}\Omega'_{k3}}{\Omega'_{k1} - \Omega'_{k2} + \Omega'_{k3} - 1}} \qquad (3.21)$$

$$a_0 = \Omega'_{k2} - \Omega'_{k1} - \Omega'_{k3} + 1 \qquad (3.22)$$

$$a_1 = \frac{\Omega'_{k1}\Omega'_{k2}\Omega'_{k3}}{\Omega'_{k1}\Omega'_{k2} - \Omega'_{k1}\Omega'_{k3} + \Omega'_{k2}\Omega'_{k3} - \Omega'_{k1}\Omega'_{k2}\Omega'_{k3}} \qquad (3.23)$$

$$\begin{aligned}a_2 = &\, 2\Omega'^3_{k1}\Omega'_{k2}\Omega'_{k3} + \Omega'^3_{k1}\Omega'_{k2} + \Omega'^3_{k1}\Omega'^2_{k3} - \Omega'^3_{k1}\Omega'_{k3} + \Omega'^2_{k1}\Omega'^3_{k2}\Omega'_{k3} \\ &- \Omega'^2_{k1}\Omega'^3_{k2} - 2\Omega'^2_{k1}\Omega'^2_{k2}\Omega'^2_{k3} + 4\Omega'^2_{k1}\Omega'^2_{k2}\Omega'_{k3} - 2\Omega'^2_{k1}\Omega'^2_{k2} + \Omega'^2_{k1}\Omega'_{k2}\Omega'^3_{k3} \\ &- 4\Omega'^2_{k1}\Omega'_{k2}\Omega'^2_{k3} + 4\Omega'^2_{k1}\Omega'_{k2}\Omega'_{k3} - \Omega'^2_{k1}\Omega'_{k2} + \Omega'^2_{k1}\Omega'^3_{k3} - 2\Omega'^2_{k1}\end{aligned} \qquad (3.24)$$

若已知 a_0、a_1、a_2、Ω'_{kz} 以及低通模型的传输零点和反射零点，将其代入式(3.16)即可求得四带对应的传输零点和反射零点。

综合实例 现在用实例来说明四带的频率转换过程。已知一个四阶广义切比雪夫低通滤波器，它的传输零点是 $\pm j2$，带内回波损耗为 23 dB。通过广义切比雪夫滤波器函数综合得到低通滤波器的多项式 $P(s)$、$E(s)$ 和 $F(s)$ 的根如表 3.5 所示。

表 3.5　四阶单带滤波器各多项式的根

	传输零点,$P(s)$的根	反射零点,$F(s)$的根	传输或反射奇点,$E(s)$的根
1	$-j2$	$-j0.9333$	$-0.9605+j0.6596$
2	$j2$	$j0.9333$	$-0.9605-j0.6596$
3	$-j\infty$	$-j0.4060$	$-0.2765+j1.2648$
4	$j\infty$	$j0.4060$	$-0.2765-j1.2648$

通过广义切比雪夫滤波器函数综合绘出 S 参数响应曲线,如图 3.20 所示。在进行四带频率变换时,首先,假定 $\Omega'_{k1}=0.1055,\Omega'_{k2}=0.4890,\Omega'_{k3}=0.7990$,通过式(3.21)～式(3.24)求解得到 $a_0=0.5845,a_1=0.1301,a_2=0.1330,\Omega'_{kz}=0.7362$,将 $s=j2,s=j0.9333,s=j0.4060$ 分别代入式(3.16)得到四带的传输零点和反射零点;然后,取其共轭,将它们共同作为最终四带的传输零点和反射零点。求得传输零点 $P(s')$ 和反射零点 $F(s')$ 后再根据 $E(s')$ 与 $P(s')$ 和 $F(s')$ 的关系求出 $P(s')$、$F(s')$ 和 $E(s')$ 的根如表 3.6 所示。

通过广义切比雪夫滤波器函数综合可以得到归一化频率四带 S 参数响应曲线,四带实际频率的响应范围为 $\omega_{k1}=1.1$ GHz,$\omega_{k2}=1.3$ GHz,$\omega_{k3}=1.9$ GHz,$\omega_{k4}=1.3$ GHz,$\omega_{k5}=3.2$ GHz,$\omega_{k6}=3.75$ GHz,$\omega_{k7}=4.9$ GHz,$\omega_{k8}=5.6$ GHz,通过式(2.69)计算出 l_1、l_2;再通过式(2.71)将频率域从 Ω' 域变换到实际频率域 ω 域;最后将归一化频率四带 S 参数转换为实际频率四带 S 参数。图 3.21 为四带归一化频率的 S 参数响应曲线,图 3.22 为四带实际频率的 S 参数响应曲线。

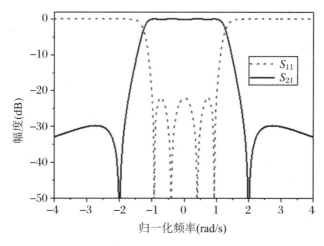

图 3.20　单带滤波器的 S 参数响应曲线

表 3.6 四带滤波器各多项式的根

	传输零点,$P(s')$的根	反射零点,$F(s')$的根	传输或反射奇点,$E(s')$的根
1	−j1.381	−j0.983	−0.0528 + j1.0498
2	j1.381	j0.9830	−0.0528 − j1.0498
3	−j0.7994	j0.8009	−0.1555 + j0.9609
4	j0.7994	−j0.8009	−0.1555 − j0.9609
5	−j0.6281	−j0.4739	−0.1763 + j0.7653
6	j0.6281	j0.4739	−0.1763 − j0.7653
7	j0.0609	j0.1105	−0.0331 + j0.7551
8	j0.0609	−j0.1105	−0.0331 + j0.7551
9	+j0	j0.8669	−0.0896 − j0.5133
10	−j0	−j0.8669	−0.0896 + j0.5133
11	—	j0.8211	0.2545 + j0.2805
12	—	−j0.8211	0.2545 − j0.2805
13	—	−j0.3387	−0.0941 − j0.1137
14	—	j0.3387	−0.0941 + j0.1137
15	—	j0.1671	−0.0222 + j0.1110
16	—	−j0.1671	−0.0222 − j0.110

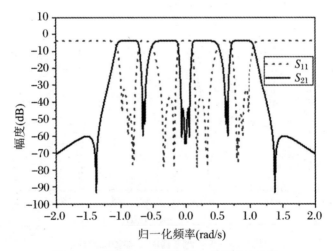

图 3.21 四带归一化频率的 S 参数响应曲线

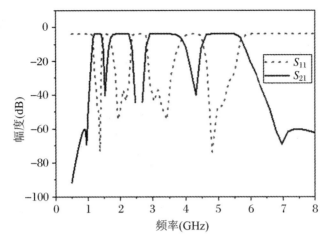

图 3.22 四带实际频率的 S 参数响应曲线

3.2.2 四带谐振器的拓扑结构构思与实现

同 3.1 节一样要构建四带谐振器,则其有以下特性:第一,具有四带谐振特性;第二,四带之间要有优秀的隔离性和通带选择性。首先,考虑具有第一个特性的器件,采用 $\lambda/2$ 枝节加载的阶跃阻抗谐振器,利用谐振频率的寄生多频特性形成多带特性,通过改变阶跃阻抗谐振器的阻抗比和电长度以及加载枝节的阻抗比和电长度来改变各个通带的中心频率。然后,在谐振器之间我们通过电耦合和 0°馈电的方式,引入传输零点,来提高通带的选择性和通带与通带之间的隔离性。

如何设计四带谐振器的物理拓扑结构?采用的方法是应用 $\lambda/2$ 阶跃阻抗谐振器,在其中心对称点加载开路枝节或者是短路枝节形成 T 形枝节加载的阶跃阻抗谐振器。应用奇偶模分析方法分析多频谐振特性,其结构如图 3.23 所示。为了更加方便地分析 T 形开路或短路枝节阶跃阻抗器的多模谐振特性,我们先分析 $\lambda/2$ 的阶跃阻抗谐振器的谐振特性。T 形枝节加载的阶跃阻抗谐振器与 $\lambda/2$ 的阶跃阻抗谐振器有一个共同的特性就是奇模等效电路是相同的,即奇模谐振特性是相同的。

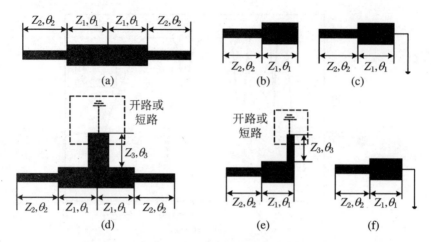

图 3.23 $\lambda/2$ 和 T 形开路或短路枝节阶跃阻抗谐振器

(a) $\lambda/2$ 阶跃阻抗谐振器的物理拓扑结构;(b) $\lambda/2$ 阶跃阻抗谐振器偶模等效电路;(c) $\lambda/2$ 阶跃阻抗谐振器奇模等效电路;(d) T 形开路或短路枝节阶跃阻抗谐振器;(e) T 形开路或短路枝节阶跃阻抗谐振器偶模等效电路;(f) T 形开路或短路枝节阶跃阻抗谐振器奇模等效电路

3.2.3 T 形枝节阶跃阻抗谐振器谐振特性理论分析

3.2.3.1 $\lambda/2$ 阶跃阻抗谐振器谐振特性分析

应用 ABCD 参数矩阵求得等效输入导纳,图 3.23(a)用 ABCD 参数矩阵表示为

$$A = B \cdot C \cdot C \cdot B \tag{3.25}$$

其中

$$A = \begin{bmatrix} A_{11} & A_{12} \\ A_{21} & A_{22} \end{bmatrix}, C = \begin{bmatrix} \cos\theta_2 & jZ_2\sin\theta_2 \\ j\sin\theta_2/Z_2 & \cos\theta_2 \end{bmatrix}, B = \begin{bmatrix} \cos\theta_1 & jZ_1\sin\theta_1 \\ j\sin\theta_1/Z_1 & \cos\theta_1 \end{bmatrix}$$

则图 3.23(a)的等效输入导纳可以表示为

$$Y_{\text{in}(a)} = \frac{A_{21}}{A_{11}} = jY_2 \frac{2(k_1\tan\theta_1 + \tan\theta_2)(k_1 - t_\theta)}{k_1(1-\tan^2\theta_1)(1-\tan^2\theta_2) - 2(1-k_1^2)t_\theta} \tag{3.26}$$

其中 $k_1 = Z_2/Z_1$,$t_\theta = \tan\theta_1\tan\theta_2$,为了更加简洁地分析问题,采用奇偶模分析法,图 3.23(b)和(c)的 ABCD 参数矩阵可以表示为

$$\begin{bmatrix} A_1 & B_1 \\ C_1 & D_1 \end{bmatrix} = B \cdot C \tag{3.27}$$

奇偶模谐振特性的等效输入导纳的谐振条件分别表示为

$$Y_{\text{odd}} = \frac{D_1}{B_1} \tag{3.28}$$

$$Y_{\text{even}} = \frac{C_1}{A_1} \tag{3.29}$$

因此,奇模谐振条件可以表示为

$$k_1 - \tan(1 - \alpha\theta_T/2)\tan(\alpha\theta_T/2) = 0 \tag{3.30}$$

偶模谐振条件可以表示为

$$k_1 + \cot(1 - \alpha\theta_T/2)\tan(\alpha\theta_T/2) = 0 \tag{3.31}$$

其中 $k_1 = Z_2/Z_1$ 表示 $\lambda/2$ 阶跃阻抗谐振器的阻抗比,$\theta_T = 2(\theta_1 + \theta_2)$ 表示 $\lambda/2$ 阶跃阻抗谐振器的总电长度,$\alpha = 2\theta_2/\theta_T$ 表示电长度比。

应用 MATLAB 12.0 软件,令 $k_1 = 1:1:5$,$\alpha = 0.1:0.1:0.9$,分别代入式(3.30)和式(3.31),求出奇模谐振解和偶模谐振解,用 $\theta_{T\_O\_mij}$ 表示奇模谐振电长度 θ_T 的解集,用 $\theta_{T\_E\_mij}$ 表示偶模谐振电长度 θ_T 的解集,其中 m 的取值与阻抗比 k_1 的取值相等,$k_1 = 1,2,3,4,5$,i 表示高次谐振频率解,当 k_1 和 α 取定值后,奇模和偶模各取前两次电长度谐振解。$i = 1,2$,$j = \alpha/0.1$,$j = 1,2,3,\cdots,9$,因此 $\theta_{T\_O\_mij}$ 和 $\theta_{T\_E\_mij}$ 可以表示为

$$\theta_{T\_O\_mij} = \begin{bmatrix} \theta_{T\_O\_111} & \theta_{T\_O\_112} & \theta_{T\_O\_113} & \cdots & \theta_{T\_O\_119} \\ \theta_{T\_O\_121} & \theta_{T\_O\_122} & \theta_{T\_O\_123} & \cdots & \theta_{T\_O\_129} \\ \theta_{T\_O\_211} & \theta_{T\_O\_212} & \theta_{T\_O\_213} & \cdots & \theta_{T\_O\_219} \\ \theta_{T\_O\_221} & \theta_{T\_O\_222} & \theta_{T\_O\_223} & \cdots & \theta_{T\_O\_229} \\ \vdots & \vdots & \vdots & & \vdots \\ \theta_{T\_O\_511} & \theta_{T\_O\_512} & \theta_{T\_O\_513} & \cdots & \theta_{T\_O\_519} \\ \theta_{T\_O\_521} & \theta_{T\_O\_522} & \theta_{T\_O\_523} & \cdots & \theta_{T\_O\_529} \end{bmatrix}$$

$$\theta_{T\_E\_mij} = \begin{bmatrix} \theta_{T\_E\_111} & \theta_{T\_E\_112} & \theta_{T\_E\_113} & \cdots & \theta_{T\_E\_119} \\ \theta_{T\_E\_121} & \theta_{T\_E\_122} & \theta_{T\_E\_123} & \cdots & \theta_{T\_E\_129} \\ \theta_{T\_E\_211} & \theta_{T\_E\_212} & \theta_{T\_E\_213} & \cdots & \theta_{T\_E\_219} \\ \theta_{T\_E\_221} & \theta_{T\_E\_222} & \theta_{T\_E\_223} & \cdots & \theta_{T\_E\_229} \\ \vdots & \vdots & \vdots & & \vdots \\ \theta_{T\_E\_511} & \theta_{T\_E\_512} & \theta_{T\_E\_513} & \cdots & \theta_{T\_E\_519} \\ \theta_{T\_E\_521} & \theta_{T\_E\_522} & \theta_{T\_E\_523} & \cdots & \theta_{T\_E\_529} \end{bmatrix}$$

其中 $m < 6$,$i < 3$,$j < 10$,$m,j \in \mathbf{N}$。

将其奇偶模谐振频率归一化,分别选定 $\theta_{T\_O\_m1j}$、$\theta_{T\_E\_m1j}$ 电长度解对应的谐振频率作为基准频率 f_0,则高次奇模谐振频率归一化表示为

$$\frac{f_{2i-1}}{f_0} = \frac{\theta_{T\_O\_mij}}{\theta_{T\_O\_m1j}} \quad (m < 6, i < 3, j < 10, m, i, j \in \mathbf{N}) \tag{3.32}$$

高次偶模谐振频率归一化表示为

$$\frac{f_{2i}}{f_0} = \frac{\theta_{T\_E\_mij}}{\theta_{T\_E\_m1j}} \quad (m < 6, i < 3, j < 10, m, i, j \in \mathbf{N}) \tag{3.33}$$

在图 3.24(见彩图 1)中展示了高次谐振频率与基波频率的归一化比值随阻抗比 k_1、电长度比 α 变化的关系。可以看出,当 $k_1=1$ 时,$\lambda/2$ 阶跃阻抗谐振器是均匀阻抗谐振器,高次谐振频率与基波频率是整数倍关系。随着阻抗比 k_1 的增大,归一化奇偶模谐振频率的比值在减小;归一化偶模谐振频率 f_2/f_0 的值,在 $0.3<\alpha<0.9$ 的取值范围内;归一化奇模谐振频率 f_3/f_0 的值,在 $0.3<\alpha<0.7$ 的取值范围内;归一化偶模谐振频率 f_4/f_0 的值,在 $0.2<\alpha<0.9$ 的取值范围内;变化趋势比较明显。由图 3.24 可以看出用 $\lambda/2$ 阶跃阻抗谐振器可以设计双带、三带、四带,甚至多带谐振器,但是随着通带数目的增多,多带滤波器共用输入和输出端口,这就要求多个通带信号要与源和负载的阻抗匹配,设计难度将会增加,为了减小设计的难度,只能增加设计参数的个数。下面我们将在 $\lambda/2$ 阶跃阻抗谐振器中增加一个枝节使其成为 T 形枝节阶跃阻抗谐振器。

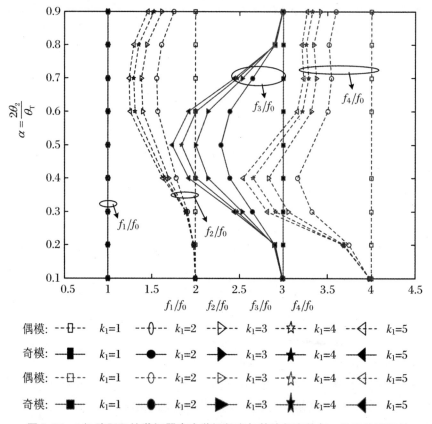

图 3.24 $\lambda/2$ 阶跃阻抗谐振器高次谐振频率与基波频率的归一化比值随阻抗比 k_1、电长度比 α 变化的关系

$k_1=1:1:5, \alpha=0.1:0.1:0.9, f_1/f_0$、$f_3/f_0$ 为归一化奇模谐振频率比,f_2/f_0、f_4/f_0 为归一化偶模谐振频率比

3.2.3.2 T形短路枝节阶跃阻抗谐振器谐振特性分析

用 $ABCD$ 参数矩阵求得图 3.23(d) 中的等效输入导纳。图 3.23(d) 用 $ABCD$ 参数矩阵表示为

$$A = B \cdot C \cdot D \cdot C \cdot B \tag{3.34}$$

其中

$$A = \begin{bmatrix} A_{11} & A_{12} \\ A_{21} & A_{22} \end{bmatrix}, \quad C = \begin{bmatrix} \cos\theta_2 & jZ_2\sin\theta_2 \\ j\sin\theta_2/Z_2 & \cos\theta_2 \end{bmatrix}$$

$$B = \begin{bmatrix} \cos\theta_1 & jZ_1\sin\theta_1 \\ j\sin\theta_1/Z_1 & \cos\theta_1 \end{bmatrix}, \quad D = \begin{bmatrix} 1 & 0 \\ -j\cot\theta_3/Z_3 & 1 \end{bmatrix}$$

则图 3.23(d) 的等效输入导纳可以表示为

$$Y_{\text{in}(d)} = \frac{A_{21}}{A_{11}}$$

$$= \frac{\#3 - \dfrac{j\tan\theta_1(\#8-1)}{Z_1} + \#1 + \#5 + j\dfrac{\tan\theta_2[1-\#8+jZ_1\tan\theta_1(\#3+\#1+\#5)]}{k_1 Z_1}}{1 + j\dfrac{\tan\theta_2(\#7+\#6-jZ_1\tan\theta_1[\#2-1+\#4])}{k_1 Z_1} - \#2 - \#4 + \dfrac{j\tan\theta_2(\#7+\#6)}{Z_1}}$$

$$\tag{3.35}$$

其中

$$\#1 = \frac{j\tan\theta_2}{k_1 Z_1}, \quad \#2 = k_1 \tan\theta_1 \tan\theta_2, \quad \#3 = \frac{j\tan\theta_1}{Z_1}$$

$$\#4 = \frac{j\cot\theta_3(\#7+\#6)}{k_2 Z_1}, \quad \#5 = \frac{j\cot\theta_3(\#8-1)}{k_2 Z_1}$$

$$\#6 = jk_1 Z_1 \tan\theta_2, \quad \#7 = jZ_1 \tan\theta_2, \quad \#8 = \frac{\tan\theta_1 \tan\theta_2}{k_1}$$

$$k_1 = Z_2/Z_1, \quad k_2 = Z_3/Z_1$$

由于其表达式非常繁琐,为了更加简洁地分析问题,采用奇偶模分析的方法,图 3.23(e) 和 (f) 的 $ABCD$ 参数矩阵可以表示为

$$\begin{bmatrix} A_1 & B_1 \\ C_1 & D_1 \end{bmatrix} = B \cdot C \cdot D' \tag{3.36}$$

其中

$$D' = \begin{bmatrix} 1 & 0 \\ -j\cot\theta_3/(2Z_3) & 1 \end{bmatrix}$$

奇偶模谐振特性的等效输入导纳的谐振条件表示为

$$Y_{\text{odd}} = \frac{D_1}{B_1} \tag{3.37}$$

$$Y_{\text{even}} = \frac{C_1}{A_1} \tag{3.38}$$

因此，奇模谐振条件可以表示为

$$k_1 - \tan(1 - \alpha\theta_T/2)\tan(\alpha\theta_T/2) = 0 \tag{3.39}$$

偶模谐振条件可以表示为

$$2k_2\left[k_1\tan\left(\frac{1-\alpha}{2}\theta_T\right) + \tan\left(\frac{\alpha}{2}\theta_T\right)\right]$$
$$- \cot\left(\frac{\beta}{2}\theta_T\right)\left[k_1 - \tan\left(\frac{1-\alpha}{2}\theta_T\right)\tan\left(\frac{\alpha}{2}\theta_T\right)\right] = 0 \tag{3.40}$$

其中 $k_1 = Z_2/Z_1, k_2 = Z_3/Z_1$ 表示 T 形短路枝节阶跃阻抗谐振器的阻抗比；$\theta_T = 2(\theta_1 + \theta_2)$ 表示 $\lambda/2$ 阶跃阻抗谐振器的总电长度；$\alpha = 2\theta_2/\theta_T, \beta = 2\theta_3/\theta_T$ 表示电长度比。

应用 MATLAB 12.0 软件，令 $k_1=4, k_2=1, \alpha=0.1:0.1:0.9, \beta=0.1:0.1:0.5$ 分别代入式(3.39)和式(3.40)中，求出奇模谐振解和偶模谐振解，用 $\theta_{T\_O\_mij}$ 表示奇模谐振电长度 θ_T 的解集，用 $\theta_{T\_E\_mij}$ 表示偶模谐振电长度 θ_T 的解集。其中 $m = \beta/0.1, \beta = 0.1, 0.2, 0.3, 0.4, 0.5, i$ 表示高次谐振频率解，当 α 和 β 取定值后，奇模偶模各取前两次电长度谐振解。$i=1,2,\cdots,8, j=\alpha/0.1, j=1,2,\cdots,9$，将其奇偶模谐振频率归一化，分别选定 $\theta_{T\_O\_m1j}$、$\theta_{T\_E\_m1j}$ 电长度解对应的谐振频率作为基准频率 f_0，则高次奇模谐振频率归一化表示为

$$\frac{f_{2i-1}}{f_0} = \frac{\theta_{T\_O\_mij}}{\theta_{T\_O\_m1j}} \quad (m<6, i<9, j<10, m, i, j \in \mathbf{N}) \tag{3.41}$$

高次偶模谐振频率归一化表示为

$$\frac{f_{2i}}{f_0} = \frac{\theta_{T\_E\_mij}}{\theta_{T\_E\_m1j}} \quad (m<6, i<9, j<10, m, i, j \in \mathbf{N}) \tag{3.42}$$

在图 3.25(见彩图 2)中展示了高次谐振频率与基波频率的归一化比值随电长度比 α,β 变化的关系。可以看出，归一化偶模谐振解在归一化奇模谐振解的左边，如 f_2/f_0 在 f_1/f_0 的左边，f_4/f_0 在 f_3/f_0 的左边。随着谐振解次数的增高，归一化谐振频率的比值越来越靠近，甚至在某些区域奇模解和偶模解的值非常接近，例如 f_5/f_0 和 f_8/f_0。奇模谐振解与 β 的取值无关。随着 β 的增大，归一化偶模谐振频率的比值在减小，其中归一化偶模谐振频率 f_2/f_0 的值变化趋势不是很明显，归一化偶模谐振频率 f_4/f_0、f_6/f_0 的值变化趋势的明显度有所提高，归一化奇偶模谐振频率 f_5/f_0、f_8/f_0 的值变化趋势比较明显。

3.2.3.3 T 形开路枝节阶跃阻抗谐振器谐振特性分析

用 ABCD 参数矩阵求得图 3.23(d)中的 T 形开路枝节等效输入导纳。

$$A = B \cdot C \cdot D \tag{3.43}$$

其中

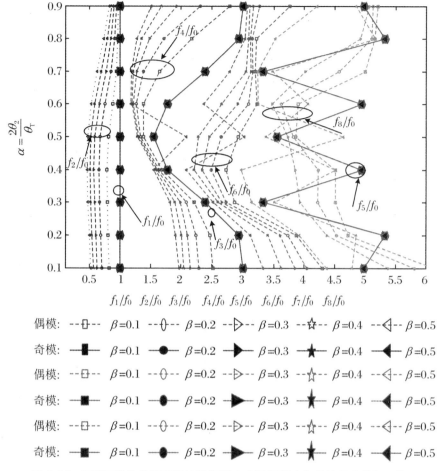

图 3.25 T 形短路枝节阶跃阻抗谐振器高次谐振频率与基波频率的归一化
比值随电长度比 α,β 变化的关系

$k_1=4, k_2=1, \alpha=0.1:0.1:0.9, \beta=0.1:0.1:0.5, f_1/f_0 、 f_3/f_0 、 f_5/f_0$ 为归一化奇模谐振频率比, $f_2/f_0 、 f_4/f_0 、 f_6/f_0 、 f_8/f_0$ 为归一化偶模谐振频率比

$$A=\begin{bmatrix}A_{11}&A_{12}\\A_{21}&A_{22}\end{bmatrix},\quad C=\begin{bmatrix}\cos\theta_2&jZ_2\sin\theta_2\\j\sin\theta_2/Z_2&\cos\theta_2\end{bmatrix}$$

$$B=\begin{bmatrix}\cos\theta_1&jZ_1\sin\theta_1\\j\sin\theta_1/Z_1&\cos\theta_1\end{bmatrix},\quad D=\begin{bmatrix}1&0\\j\tan\theta_3/(2Z_3)&1\end{bmatrix}$$

则图 3.23(d)的等效输入导纳可以表示为

$$Y_{\text{in}(d)} = \frac{A_{21}}{A_{11}}$$

$$= \frac{\#3 - \frac{\text{jtan}\,\theta_1(\#8-1)}{Z_1} + \#1 - \#5 + j\frac{\tan\theta_2(1-\#8+jZ_1\tan\theta_1(\#3+\#1-\#5))}{k_1 Z_1}}{1 + j\frac{\tan\theta_2(\#7+\#6+jZ_1\tan\theta_1(1-\#2+\#4))}{k_1 Z_1} - \#2 + \#4 + \frac{\text{jtan}\,\theta_2(\#7+\#6)}{Z_1}}$$

(3.44)

其中

$$\#1 = \frac{\text{jtan}\,\theta_2}{k_1 Z_1}, \quad \#2 = k_1 \tan\theta_1 \tan\theta_2, \quad \#3 = \frac{\text{jtan}\,\theta_1}{Z_1}$$

$$\#4 = \frac{\text{jcot}\,\theta_3(\#7+\#6)}{k_2 Z_1}, \quad \#5 = \frac{\text{jcot}\,\theta_3(\#8-1)}{k_2 Z_1}$$

$$\#6 = jk_1 Z_1 \tan\theta_2, \quad \#7 = jZ_1 \tan\theta_2, \quad \#8 = \frac{\tan\theta_1 \tan\theta_2}{k_1}$$

$$k_1 = Z_2/Z_1, \quad k_2 = Z_3/Z_1$$

由于其表达式非常繁琐,为了更加简洁地分析问题,采用奇偶模分析的方法,图 3.23(e)和(f)的 *ABCD* 参数可以表示为

$$\begin{bmatrix} A_1 & B_1 \\ C_1 & D_1 \end{bmatrix} = \boldsymbol{B} \cdot \boldsymbol{C} \cdot \boldsymbol{D}' \tag{3.45}$$

其中

$$\boldsymbol{D}' = \begin{bmatrix} 1 & 0 \\ \text{jtan}\,\theta_3/(2Z_3) & 1 \end{bmatrix}$$

奇偶模谐振特性的等效输入导纳的谐振条件表示为

$$Y_{\text{odd}} = \frac{D_1}{B_1} \tag{3.46}$$

$$Y_{\text{even}} = \frac{C_1}{A_1} \tag{3.47}$$

因此,奇模谐振条件可以表示为

$$k_1 - \tan(1-\alpha\theta_T)\tan(\alpha\theta_T/2) = 0 \tag{3.48}$$

偶模谐振条件可以表示为

$$2k_2\left[k_1\tan\left(\frac{1-\alpha}{2}\theta_T\right) + \tan\left(\frac{\alpha}{2}\theta_T\right)\right]$$
$$+ \tan\left(\frac{\beta}{2}\theta_T\right)\left[k_1 - \tan\left(\frac{1-\alpha}{2}\theta_T\right)\tan\left(\frac{\alpha}{2}\theta_T\right)\right] = 0 \tag{3.49}$$

其中 $k_1 = Z_2/Z_1, k_2 = Z_3/Z_1$ 表示 T 形短路枝节阶跃阻抗谐振器的阻抗比;$\theta_T = 2(\theta_1 + \theta_2)$ 表示 $\lambda/2$ 阶跃阻抗谐振器的总电长度;$\alpha = 2\theta_2/\theta_T, \beta = 2\theta_3/\theta_T$ 表示的电长度比。

应用 MATLAB 12.0 软件,令 $k_1 = 4, k_2 = 1, \alpha = 0.1:0.1:0.9, \beta = 0.1:0.1:0.5$

分别代入式(3.48)和式(3.49)中,求出奇模谐振解和偶模谐振解。用 $\theta_{T\_O\_mij}$ 表示奇模谐振电长度 θ_T 的解集,$\theta_{T\_E\_mij}$ 表示偶模谐振电长度 θ_T 的解集,其中 $m = \beta/0.1, \beta = 0.1, 0.2, 0.3, 0.4, 0.5, i$ 表示高次谐振频率解,当 α 和 β 取定值后,奇模偶模各取前两次电长度谐振解。$i = 1, 2, j = \alpha/0.1, j = 1, 2, \cdots, 9$,将其奇偶模谐振频率归一化,分别选定 $\theta_{T\_O\_m1j}$、$\theta_{T\_E\_m1j}$ 电长度解对应的谐振频率作为基准频率 f_0,则高次奇谐振频率归一化表示为

$$\frac{f_{2i-1}}{f_0} = \frac{\theta_{T\_O\_mij}}{\theta_{T\_O\_m1j}} \quad (m < 6, i < 9, j < 10, m, i, j \in \mathbf{N}) \tag{3.50}$$

高次偶模谐振频率归一化表示为

$$\frac{f_{2i}}{f_0} = \frac{\theta_{T\_E\_mij}}{\theta_{T\_E\_m1j}} \quad (m < 6, i < 9, j < 10, m, i, j \in \mathbf{N}) \tag{3.51}$$

在图 3.26(见彩图 3)中展示了高次谐振频率与基波频率的归一化比值随电长度比 α、β 变化的关系。可以看出,归一化偶模谐振解 f_2/f_0 在归一化奇模谐振解 f_1/f_0 的右边。随着谐振解次数的增高,归一化谐振频率的比值越来越靠近,甚至在某些区域奇模解和偶模解的值非常接近,如 f_4/f_0 和 f_3/f_0。奇模谐振解与 β 的取值无关。随着 β 的增大,归一化偶模谐振频率的比值在减小,其中归一化偶模谐振频率 f_2/f_0 的值变化趋势不是很明显,归一化偶模谐振频率 f_4/f_0、f_6/f_0 的值变化趋势的明显度有所提高,归一化奇偶模谐振频率 f_5/f_0、f_3/f_0 的值变化趋势比较明显。

3.2.4 基于 T 形枝节加载的阶跃阻抗器四带微带滤波器的设计

3.2.4.1 四带微带滤波器的拓扑结构

设计一个四带微带滤波器,首先要确定四带的中心频率,并且确定第一带中心频率为基频,然后计算出其相应的比值。本小节主要采用基于 T 形开路枝节阶跃阻抗器来设计相应的滤波器。例如,设计中心频率分别为 1.34 GHz/2.2 GHz/3.3 GHz/4.5 GHz 的四带滤波器。令 $f_0 = f_1$,则 $f_1/f_0 = 1, f_2/f_0 = 1.64, f_3/f_0 = 2.46, f_4/f_0 = 3.35$。枝节的加载不会影响奇模谐振特性,因此可以根据图 3.24,初步确定电长度比 α 和阻抗比 k_1 的取值范围,发现 $k_1 = 4, 0.3 < \alpha < 0.4$ 可以满足所提出的奇模谐振解的比值关系。进一步简化,令 $Z_3 = Z_1$,则 $k_2 = 1$,再根据图 3.26 中奇偶模谐振解的比例关系,发现 $\alpha = 0.33, \beta = 0.3$ 可以满足中心频率分别为 1.34 GHz/2.2 GHz/3.3 GHz/4.5 GHz 的四带滤波器归一化的奇偶模的谐振关系。取 $\lambda/2$ 阶跃阻抗谐振器 θ_T 的总电长度为 $90°$,则可以计算出 $\theta_1 = 63°, \theta_2 = 37°, \theta_3 = 30°$。高阻抗枝节 $Z_2 = 120\ \Omega$,低阻抗枝节 $Z_1 = Z_3 = 30\ \Omega$。

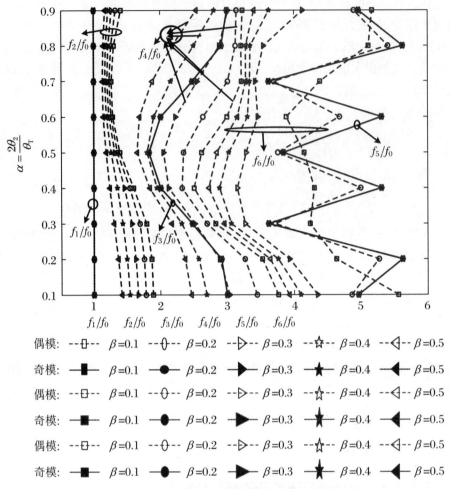

图 3.26　T形开路枝节阶跃阻抗谐振器高次谐振频率与基波频率的归一化比值随电长度比 α、β 变化的关系

$k_1=4,k_2=1,\alpha=0.1:0.1:0.9,\beta=0.1:0.1:0.5,f_1/f_0、f_3/f_0、f_5/f_0$ 为归一化奇模谐振频率比，$f_2/f_0、f_4/f_0、f_6/f_0$ 为归一化偶模谐振频率比

图 3.27 为四带微带滤波器的拓扑结构，其由一对基于理想传输线模式的 T 形开路枝节微带线组成。为了减少设计尺寸，将枝节 L_1、L_2 弯曲折叠，形成 T 形开路枝节开口谐振环，L_3 嵌入到开口谐振环的里面，结构简单合理，也能实现四带微带滤波器的性能指标。根据归一化奇偶模谐振频率的比值关系，可以灵活控制和调整四带谐振中心频率。在图 3.27 中调整 L_1、L_2 和 L_3 的电长度值和阻抗比，四带谐振中心频率即灵活可调，控制间距 G_1、G_2 即可调整通带之间的耦合系数，再加上输入和输出之间采用 0°馈电的方式，在各个通带之间引入传输零点，提高了通带的隔离性和选择性。

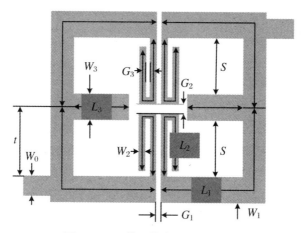

图 3.27 四带微带滤波器拓扑结构

3.2.4.2 四带微带滤波器的仿真

为了验证采用电耦合和 0°馈电方式在通带之间引入传输零点,T 形开路枝节谐振器引入多带的特性来设计四带微带滤波器是可行的,采用 HFSS 15.0 仿真软件进行仿真,仿真选用介电常数为 2.22,介质损耗角正切为 0.0009,厚度为 0.787 mm 的罗杰斯 RO5880 的介质材料,导电材料选用铜。仿真结构图如图 3.28 所示。仿真参数如表 3.7 所示。

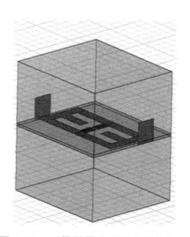

图 3.28 四带微带滤波器仿真结构图

整个微带电路设计结构简单,其既有多模谐振特性,又通过电耦合和 0°馈电方式进行滤波器的物理拓扑设计,达到四带设计目标。整个仿真图结构对称,由一对结构相同的四带谐振器组成,每个谐振器产生四带,分为奇偶模谐振通带,两个四带奇偶模谐振频率相近的通带产生共振,达到信号能量传输,谐振器各个通带的中心频率灵活可调,微带枝节长度的变化、耦合间隙的变化都对通带的带宽和中心频率产生影响。

表 3.7　微带线仿真参数表　　　　　　　　（单位:mm）

G_1	G_2	L_1	L_2	L_3	S	t
0.65	0.15	31.15	15.35	13.5	5.15	5.4
W_1	W_2	W_3	G_3	W_0		
4.9	0.46	4.9	0.65	2.4		

图 3.29 仿真曲线展示了开口谐振环间距 G_2 的变化对 3 dB 通带带宽的影响。从图中可以看出,随着谐振环间距 G_2 的增大,第三通带和第四通带 3 dB 通带带宽消失,其他 3 dB 带宽也在变窄。当 $G_2=0.3$ mm 和 $G_2=0.5$ mm 时,四带滤波器有较好的仿真结果;当 G_2 大于 0.7 mm 时,只有第一通带和第二通带存在,同时带宽在减小。图 3.30 仿真曲线展示了 T 形枝节长度 L_1、L_2、L_3 的变化对通带中心频

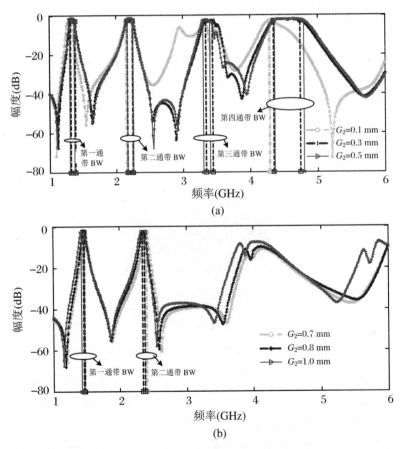

图 3.29　间距 G_2 的变化对通带带宽的影响

率和归一化比值的影响。在图 3.30(a)中当 L_1 在 15 mm 至 35 mm 之间变化时，四带的中心频率和归一化比值都随着 L_1 增大总体上在减小。在图 3.30(b)中当 L_2 在 10 mm 至 15 mm 之间变化时，四带中的第一通带和第二通带中心频率和归一化比值都随着 L_2 增大基本上保持不变。在图 3.30(c)中当 L_3 在 10 mm 至 15 mm 之间变化时，四带中的第一通带和第二通带中心频率和归一化比值都随着 L_3 增大基本上保持不变，但是对第三通带和第四通带中心频率和归一化比值有影响。

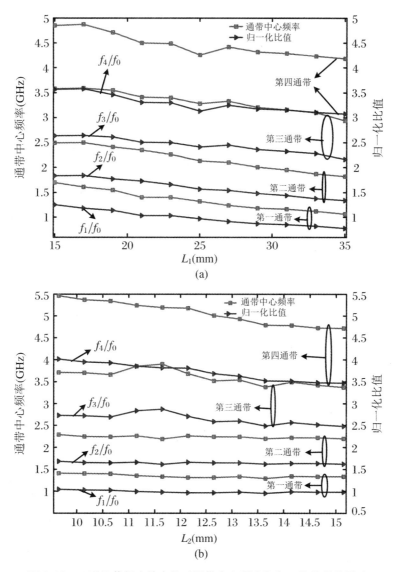

图 3.30 T形枝节长度的变化对通带中心频率和归一化比值的影响

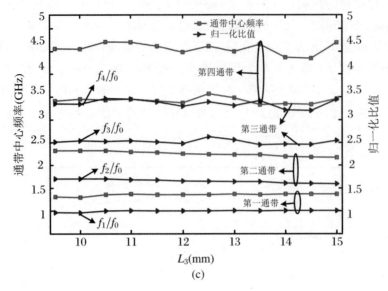

图 3.30 T形枝节长度的变化对通带中心频率和归一化比值的影响(续)

现在将理论分析结果与仿真结果进行对比,其中 θ_T 是第一通带中心频率对应的 $\lambda/2$ 的电长度。又因为 $(\theta_1 + \theta_2) = \theta_T/2$,则可以计算出 $\theta_1 + \theta_2$ 的电长度对应 $\lambda/4$ 的枝节长度。根据式(3.52), θ_T 的电长度对应 $\lambda/2$ 的枝节长度为 79.7 mm,与实际仿真优化后 $L_1 + L_2 = 93$ mm 相比有一定的误差。

$$\lambda = \frac{c}{\sqrt{\varepsilon_r}f_0} = \frac{3 \times 10^8}{\sqrt{2.22} \times 1.34 \times 10^9} \approx 0.15028 \text{ m} \quad (3.52)$$

而 $\alpha = 2\theta_2/\theta_T = 2L_2/2(L_1 + L_2) = 15.35/46.5 = 0.3301, \beta = 2\theta_3/\theta_T = 2L_3/2(L_1 + L_2) = 13.5/46.5 = 0.2903$,与理论值 $\alpha = 0.33, \beta = 0.3$ 相当。

谐振器耦合系数由每个通带的两模谐振频率仿真计算得到,每个通带耦合系数计算公式为

$$k_{i,i} = \frac{f_{Hi}^2 - f_{Li}^2}{f_{Hi}^2 + f_{Li}^2} \quad (3.53)$$

其中 $k_{i,i}$、f_{Hi}、f_{Li} ($i = 1, 2, 3$)分别为每个谐振通带耦合系数、高端谐振频率和低端谐振频率的情况,$k_{i,i}$ 的大小随 G_1、G_2 间距的大小和馈电位置 t 变化而变化。在图3.31中给出了四带滤波器的耦合拓扑结构图及耦合系数随间距 G_1 变化而变化的情况,图3.31(a)表示源与负载通过具有相同谐振频率的谐振单元之间电耦合的方式达到能量的最大传输。图3.31(b)表示各个通带的耦合系数随间距 G_1 的增大总体上在不断的减小。

谐振器品质因数可以由式(3.54)计算得到,四带中心频率和品质因数随馈电位置变化而变化的情况如图3.32所示。

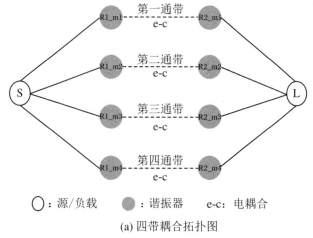

(a) 四带耦合拓扑图

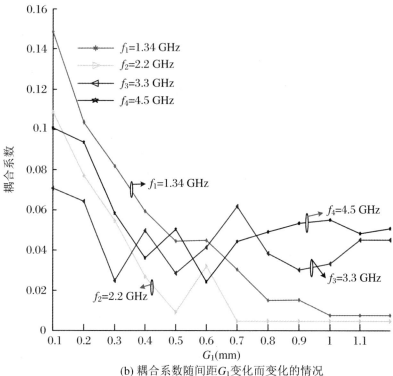

(b) 耦合系数随间距 G_1 变化而变化的情况

图 3.31 四带耦合拓扑图及耦合系数随间距 G_1 变化而变化的情况

$$Q_e = \frac{\omega_0}{\Delta\omega_{3\,dB}} \quad (3.54)$$

其中 ω_0 为各个通带的中心频率，$\Delta\omega_{3\,dB}$ 为每个通带的 3 dB 的带宽。通过控制 G_1 的间距和耦合系数，四个通带得到所想要的带宽。为了提高通带的隔离性，在一对四带谐振器之间通过电耦合的方式引入传输零点，经过仿真优化最终确定 $G_1 =$

0.65 mm。通带选择性的主要影响因数是馈电位置 t，当 $t = 0.54$ mm 时，得到较好的通带选择性。

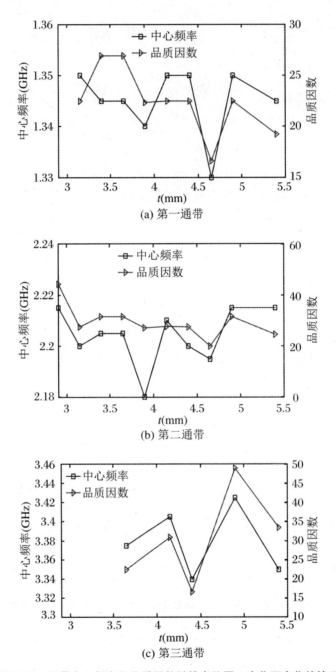

图 3.32 四带中心频率和品质因数随馈电位置 t 变化而变化的情况

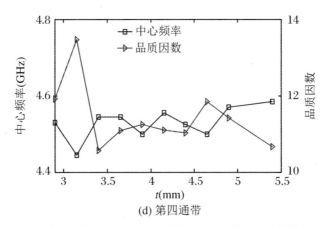

(d) 第四通带

图3.32 四带中心频率和品质因数随馈电位置 t 变化而变化的情况(续)

3.2.5 四带微带滤波器电路制作与测试

对所提出的四带微带滤波器进行电路设计、制作、投板,使用安捷伦网络分析仪 E8363B 进行测试。图 3.33 中展示了四带滤波器仿真与测试曲线和实物图,其最终尺寸 $L_1 = 31.5$ mm, $L_2 = 15.35$ mm, $L_3 = 13.5$ mm, $W_0 = 2.4$ mm, $W_1 = W_3 = 4.9$ mm, $W_2 = 0.46$ mm, $G_1 = G_3 = 0.65$ mm, $G_2 = 0.5$ mm, $S = 0.5$ mm, $t = 5.4$ mm。测试结果如图 3.33 所示,测试结果与仿真结果高度一致,四个通带的中心频率为 1.34 GHz/2.2 GHz/3.3 GHz/4.5 GHz,通带的相对带宽分别为 5.22%/3.63%/4.29%/9.6%,通带的最小插入损耗分别是 1.32 dB/1.26 dB/2.23 dB/1.99 dB,通带的最大回波损耗分别是 16.37 dB/24.63 dB/17.39 dB/22.48 dB。每个通带两侧引入了传输零点,共有 7 个传输零点。在图 3.33 中分别用 $TZ_1 \sim TZ_7$ 标示,TZ_1 位于 1.11 GHz,抑制衰减为 67.13 dB;TZ_2 位于 1.66 GHz,抑制衰减为 54.3 dB;TZ_3 位于 2.55 GHz,抑制衰减为 68.4 dB;TZ_4 位于 2.91 GHz,抑制衰减为 58.58 dB;TZ_5 位于 3.61 GHz,抑制衰减为 26.76 dB;TZ_6 位于 6.16 GHz,抑制衰减为 35.15 dB;TZ_7 位于 5.71 GHz,抑制衰减为 42.24 dB。

在表 3.8 中将本工作设计的四带滤波器与其他文献[111-113]进行对比,可以看出,本工作所设计的滤波器具有很好的通带选择性和较好的参数指标,并且结构紧凑,尺寸较小,相当于 $0.32\lambda_g \times 0.23\lambda_g$,$\lambda_g$ 为第一通带的中心频率的波长。

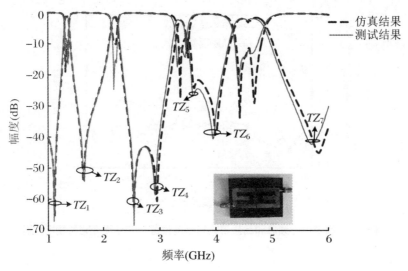

图 3.33 四带滤波器仿真与测试曲线和实物图

表 3.8 本工作设计的四带滤波器与其他文献设计的四带滤波器比较

文献	第一、二、三、四通带中心频率(GHz)	相对带宽(%)	传输零点TZ_s(个)	制板尺寸
[111]	2.5/3.2/5.2/5.8	6.7/7.2/6.9/5.3	7	$0.16\lambda_g \times 0.25\lambda_g$
[112]	2.4/3.5/5.2/6.8	6.4/9.4/3.8/4.9	7	$0.3\lambda_g \times 0.3\lambda_g$
[113]	1.79/2.1/2.52/3.14	2.6/2.3/2.3/3.0	8	$0.25\lambda_g \times 0.05\lambda_g$
本工作	1.34/2.2/3.3/4.5	5.22/3.63/4.29/9.6	7	$0.32\lambda_g \times 0.23\lambda_g$

本 章 小 结

本章论述了基于广义切比雪夫滤波器函数综合的三带频率变换理论去实现任意三带微带滤波器。基于广义切比雪夫滤波器函数综合方法,得到频率变换理论的初步模型;再根据耦合系数之间的关系,可以初步构建其物理实现的拓扑结构;然后去选择实现多带谐振效应的微带物理电路,确定其微带电路枝节的初步参数;再借助功能强大的 ADS 和 HFSS 射频仿真软件进行仿真和优化,最终达到三带滤波器所要设计的参数指标。成功设计了一款中心频率为 1.9 GHz/3.5 GHz/5.75 GHz 的三带滤波器。其具有多个传输零点,结构紧凑,尺寸小,通带带宽、通带内插入损耗和回波损耗及阻带内传输零点的抑制衰减性能很好,通带的选择性和带与带之间的隔离性良好。所设计的三带微带滤波器可用于 GSM、WiMAX、WLAN 通信系统的应用。

按照上面同样的设计思路,本章接着论述了基于广义切比雪夫滤波器函数综合的四带频率变换的设计方法及其具体实现。基于广义切比雪夫滤波器函数综合的频率变换理论得到四带滤波器的初步模型,构建其物理实现的拓扑结构;然后去选择实现多频谐振效应微带物理电路,采用电耦合和 0°馈电方式。根据枝节加载的阶跃阻抗谐振器的理论分析,确定其微带电路枝节的初步参数;再借助功能强大的 HFSS 射频仿真软件进行仿真和优化,达到四带滤波器所设计的参数指标。最后成功设计了一款中心频率为 1.34 GHz/2.2 GHz/3.3 GHz/4.5 GHz 的四带滤波器。其具有多个传输零点,结构紧凑,尺寸小,通带带宽、通带内插入损耗、回波损耗性能良好,阻带内传输零点的抑制衰减性能很好,通带的选择性和带与带之间的隔离性良好。

第4章 宽阻带、超宽带微带滤波器的研究与设计

4.1 宽阻带微带滤波器设计概述

随着通信技术的快速发展,多频多制式通信系统越来越多,传统的滤波器中心频率产生的谐波或者通信系统的非线性器件产生的谐波及杂波信号对后续电路产生影响。为了有效消除谐波和杂波信号的干扰,通信系统中需要宽阻带、高选择性的滤波器。双端开路的 $\lambda/4$ 谐振器可以产生基波频率偶数倍频的谐波信号;一端开路,一端短路的 $\lambda/4$ 谐振器可以产生基波频率奇数倍频的谐波信号;双端开路的 $\lambda/2$ 谐振器可以产生基波频率任意倍频的谐波信号。为了有效抑制谐波和杂波信号的干扰,通常采用的方法有三种:第一种是阶跃阻抗谐振器法,改变阶跃阻抗谐振器的阻抗比和电长度比,使谐波频率被推高,不再满足谐波频率是基波频率的整数倍关系,从而拓宽阻带,达到抑制谐波和其他杂波信号干扰的效果。文献[114]运用四阶 $\lambda/2$ 阶跃阻抗谐振器,分别采用四个极点的切比雪夫滤波器和四个极点的椭圆函数滤波器设计宽阻带滤波器,其中心频率为1.5 GHz,相对带宽为5.6%,阻带扩展分别达到 $5.4f_0$ 和 $8.2f_0$,阻带衰减大于30 dB,具有很宽的阻带和良好的谐波抑制能力。第二种方法是采用电磁混合耦合消除效应技术,使其传输零点恰好在谐波频率处。第三种方法是采用阻抗失配法抑制谐波,但是通常会导致基波的通带性能变差。为了获得宽的阻带,近年来人们进行了大量的研究,提出了一些新结构,如平面光子带隙结构(Photonic Band gap Structure)[95]、缺陷地结构[115]、阶跃阻抗谐振器结构[116]。文献[116]中,采用阶跃阻抗发夹线谐振器结构,其设计的理论思想是基于椭圆函数低通滤波器,通带带宽为 0 GHz~2 GHz,带外抑制在 2.45 GHz~10 GHz 时大于33.3 dB。还有的研究者采用不对称耦合结构[116]等,这些结构有着良好的带外抑制性能。电子科技大学罗正祥教授、宁俊松博士等人在电子学报报道了宽阻带平面低通滤波器设计[117],其设计思想是用T形枝节线代替传统滤波器的传输线,实现了阻带上任意频率处的寄生通带抑制,通带带宽为

0 GHz～3 GHz,通带插入损耗小于 0.5 dB,带外抑制在 3.6 GHz～12 GHz 时大于 60 dB。

宽阻带滤波器的设计通常采用的方法是基于阶跃阻抗谐振器[17,118-121]。文献[17]中,使用 $\lambda/2$ 阶跃阻抗谐振器构成两种不同螺旋形状的阶跃阻抗谐振器,并用其组成四阶微带滤波器,该滤波器是具有宽阻带特性的窄带带通滤波器。文献[119]中,采用三层结构,在顶层,应用并行耦合微带线结构形成带通滤波器;中间层,应用阶跃阻抗谐振器单元结构,消除二次谐波和三次谐波;底层为地。其设计成中心频率为 2 GHz,相对带宽为 12% 的带通滤波器。在 2.5 GHz～5.5 GHz 时阻带衰减大于 30 dB,在 5.6 GHz～7 GHz 时阻带衰减大于 30 dB,二次谐波和三次谐波抑制衰减分别为 50 dB 和 30 dB。为了提高滤波器的通带选择性,可以采用交叉耦合技术[118,122]、源-负载耦合技术[123-124]引入传输零点。文献[125]中,采用分支线谐振器和交叉耦合技术设计了一款四阶宽阻带带通滤波器,通带两侧各有一个传输零点,阻带上有五个传输零点,中心频率为 2 GHz,相对带宽为 5.9%,阻带扩展至 $2.88f_0$。电磁混合耦合技术也被广泛应用于滤波器的设计之中,通过电磁耦合消除效应产生传输零点,提高滤波器的选择性和寄生杂波的抑制能力。

高性能、小尺寸、低功耗是现代滤波器设计的主要考虑因素。以上宽阻带滤波器的设计方法能够获得较好的带外抑制,具有较宽的阻带,能够达到抑制谐波和杂波干扰信号的目的。但是,制作设计的滤波器体积大,不利于系统集成。

如何设计宽阻带滤波器使其具有良好的阻带特性,并且结构紧凑、尺寸小是一个值得研究的重要内容。我们提出了一种新颖的设计方法,采用双层制板的三阶改进型阶跃阻抗谐振器,采用闭型方环的微带线结构代替传统的 SIR 低阻抗枝节,而高阻抗枝节嵌入到闭型方环的内部,采用电磁混合耦合技术,在通带两侧产生多个传输零点,提高滤波器的带外选择性和带外抑制性。为了证明所提出的设计方法有效,我们对设计的滤波器建模、理论分析、仿真制板和测试。测试结果表明仿真结果和理论分析结果高度一致,即说明我们成功设计了一款具有宽阻带特性的、结构紧凑的、小型化的窄带带通滤波器。

4.2 基于改进型阶跃阻抗谐振器的宽阻带微带滤波器的设计

4.2.1 闭型方环微带线的输入阻抗特性分析

为了方便研究闭型方环的输入等效阻抗,首先研究闭型圆环微带线谐振器,图 4.1(a)给出了闭型圆环的几何图形,r 为圆环的半径,w 为微带线的宽度,下面给出闭型圆环的谐振表达式：

$$2\pi r = n\lambda_g \tag{4.1}$$

$$f_0 = \frac{nc}{2\pi r \sqrt{\varepsilon_{\text{reff}}}} \tag{4.2}$$

其中 λ_g 为微波的波长,n 为模数,c 为自由空间光的速度,$\varepsilon_{\text{reff}}$ 为有效介电常数。当 w 远小于 r 时,圆环与微带传输线有相同的参数分布特征[126],因此闭型圆环传输线谐振器可以用传输线的模式进行分析。

图 4.1(b)给出了一端口网络的闭型圆环微带线谐振器,图 4.1(c)给出了二端口网络的闭型圆环微带线谐振器,一端口网络的等效输入阻抗不容易被推出。因此,应用二端口网络对闭型圆环谐振器的输入阻抗进行分析,前提条件是端口 2 的电流 $i_2=0$,此时端口 1 的输入阻抗为

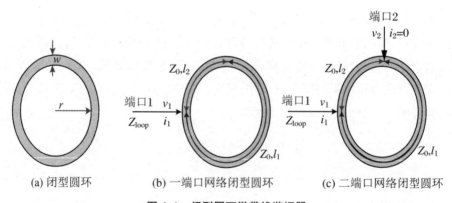

(a) 闭型圆环　　(b) 一端口网络闭型圆环　　(c) 二端口网络闭型圆环

图 4.1　闭型圆环微带线谐振器

$$Z_{\text{loop}} = \left.\frac{v_1}{i_1}\right|_{i_2=0} \tag{4.3}$$

通过 ABCD 参数矩阵和 Y 参数矩阵求得闭型圆环的等效输入阻抗,先假定模数 $n=1, l=\lambda_g=2\pi r=l_1+l_2$,其中 l_1 和 l_2 为闭型圆环任意分出的两个枝节的长度。l_1 和 l_2 构成的任意两个枝节电路是并行的,因此,两个枝节的 ABCD 参数矩阵表示为

$$\begin{bmatrix} A & B \\ C & D \end{bmatrix}_{1,2} = \begin{bmatrix} \cosh(\gamma l_{1,2}) & Z_0 \sinh(\gamma l_{1,2}) \\ Y_0 \sinh(\gamma l_{1,2}) & \cosh(\gamma l_{1,2}) \end{bmatrix} \tag{4.4}$$

其中 Z_0 是闭型圆环的特征阻抗;γ 为复传播系数,$\gamma = \alpha + j\beta$,α 为传播衰减常数,β 为相位常数;$Y_0 = 1/Z_0$。则闭型圆环谐振器的 Y 参数矩阵可以表示为

$$\begin{bmatrix} Y_{11} & Y_{12} \\ Y_{21} & Y_{22} \end{bmatrix} = \begin{bmatrix} Y_0[\coth(\gamma l_1) + \coth(\gamma l_2)] & -Y_0[\operatorname{csch}(\gamma l_1) + \operatorname{csch}(\gamma l_2)] \\ -Y_0[\operatorname{csch}(\gamma l_1) + \operatorname{csch}(\gamma l_2)] & Y_0[\coth(\gamma l_1) + \coth(\gamma l_2)] \end{bmatrix}$$
$$\tag{4.5}$$

假定端口 2 的电流 $i_2 = 0$,此时端口 1 的输入阻抗为

$$Z_{\text{loop}} = \left.\frac{v_1}{i_1}\right|_{i_2=0} = \frac{Z_0}{2} \frac{\sinh(\gamma l)}{\cosh(\gamma l) - 1} \tag{4.6}$$

令 $l_g = l/2 = \lambda_g/2$。闭型圆环的输入阻抗还可以表示为

$$Z_{\text{loop}} = \frac{Z_0}{2} \frac{1 + j\tanh(\alpha l_g)\tan(\beta l_g)}{\tanh(\alpha l_g) + j\tan(\beta l_g)} \tag{4.7}$$

假定传输线为理想传输模式,即 $\alpha = 0$,则闭型圆环的输入阻抗为

$$Z_{\text{loop}} = -j\frac{Z_0}{2}\cot(\beta l_g) \tag{4.8}$$

同理,将闭型圆环变成闭型方环以后的谐振器拓扑结构图如图 4.2(a)所示,令 $\theta_1 = \beta l_1$,$\theta_2 = \beta l_2$,则闭型方环的理想传输线等效输入阻抗为

$$Z_{\text{loop}} = -j\frac{Z_0}{2}\cot\left(\frac{\theta_1 + \theta_2}{2}\right) \tag{4.9}$$

在图 4.2(b)中,假定 $Z_0 = 120\ \Omega$,由图可知,当 $\theta\left(\theta = \frac{\theta_1+\theta_2}{2}\right)$ 在 45°到 135°变化时,闭型方环输入阻抗比 $Z_0/2$ 还要小;当 θ 在 45°到 90°变化时,闭型方环输入阻抗表现为容性;当 θ 在 90°到 135°变化时,闭型方环输入阻抗表现为感性。由此可知,只要将 θ 设置为合适的值就可以用闭型方环微带实现容性阻抗和感性阻抗的变化。

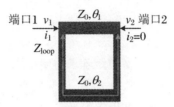

(a) 闭型方环谐振器拓扑结构图

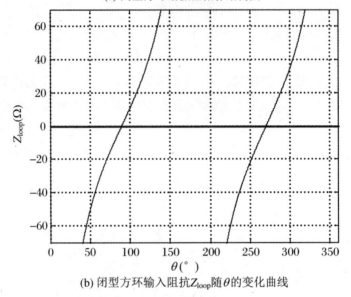

(b) 闭型方环输入阻抗 Z_{loop} 随 θ 的变化曲线

图 4.2　闭型方环谐振器结构图及闭型方环输入阻抗 Z_{loop} 随 θ 的变化曲线

4.2.2　改进的闭型方环的 $\lambda/4$ 阶跃阻抗谐振器

如图 4.3 所示，是本节提出的改进的闭型方环 $\lambda/4$ 阶跃阻抗谐振器，由特征阻抗 Z_1 和电长度为 θ_1 的高阻抗枝节与闭型方环特征阻抗为 Z_2 和电长度为 $\theta_2 + \theta_3$ 的高阻抗枝节组成。

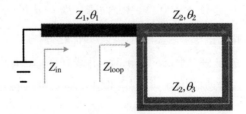

图 4.3　改进的闭型方环 $\lambda/4$ 阶跃阻抗谐振器

假定传输线模式为理想的传输线模式，根据 4.2.1 节的理论推导可以得到闭

型方环的等效输入阻抗为

$$Z_{\text{loop}} = -\mathrm{j}\frac{Z_2}{2}\cot\left(\frac{\theta_2+\theta_3}{2}\right) \tag{4.10}$$

根据传输线理论,等效改进的 $\lambda/4$ 阶跃阻抗谐振器的输入阻抗为

$$Z_{\text{in}} = Z_1\frac{Z_{\text{loop}}+\mathrm{j}Z_1\tan\theta_1}{Z_1+\mathrm{j}Z_{\text{loop}}\tan\theta_1} \tag{4.11}$$

将式(4.10)代入式(4.11)得到,输入阻抗 Z_{in} 为

$$Z_{\text{in}} = Z_1\frac{-\mathrm{j}\dfrac{Z_2}{2}+\mathrm{j}Z_1\tan\theta_1\tan\left(\dfrac{\theta_2+\theta_3}{2}\right)}{Z_1\tan\left(\dfrac{\theta_2+\theta_3}{2}\right)+Z_2\tan\theta_1} \tag{4.12}$$

阶跃阻抗谐振器的谐振条件是 $Z_{\text{in}}=0$,由此可以推出等效改进的 $\lambda/4$ 阶跃阻抗谐振器的谐振频率,则有

$$\frac{Z_2}{2Z_1}-\tan\theta_1\tan\left(\frac{\theta_2+\theta_3}{2}\right)=0 \tag{4.13}$$

令 $K=\dfrac{Z_2}{2Z_1}$,$\theta=\dfrac{(\theta_2+\theta_3)}{2}$,$R=\dfrac{\theta}{\theta_1}$,则式(4.13)变形为

$$K = \tan(\theta/R)\tan\theta \tag{4.14}$$

下面应用 MATLAB 软件分析,改进的 $\lambda/4$ 阶跃阻抗谐振器的谐振条件与阻抗比 K、电长度比 R 之间的关系。改进的 $\lambda/4$ 阶跃阻抗谐振器的设计思想是用闭型方环代替低阻抗枝节微带线,这样 θ 的取值在 $\pi/4$ 和 $3\pi/4$ 之间,由于三角函数在 $\pi/4$ 和 $\pi/2$ 与 $\pi/2$ 和 $3\pi/4$ 之间具有相同的值,在分析时,将 θ 的取值为 $\pi/4$ 到 $\pi/2$。图 4.4(见彩图 4)给出了阻抗比 K 取不同值,电长度比 R 变化时,改进的 $\lambda/4$ 阶跃阻抗谐振器谐振条件变化曲线。当谐振条件成立时,函数曲线的 y 值等于零。随着 K 值的增加,电长度比值 R 越小时,谐振条件的解增加。当 $R=0.1$,K 值分别取 0.1、0.2、0.3、0.5,θ 从 $\pi/4$ 到 $\pi/2$ 变化时,谐振条件解有三个。当 R 大于等于 0.2 时,K 值分别取 0.1、0.2、0.3、0.5 时,θ 从 $\pi/4$ 到 $\pi/2$ 变化,谐振条件解只有一个。随着 K 值的增加,谐振条件解增加为两个。从图 4.4 可知,当 $R=0.1$,K 值分别取 0.8、1、5、10,θ 从 $\pi/4$ 到 $\pi/2$ 变化时,谐振条件解有四个。当 R 大于等于 0.2,K 值分别取 0.8、1、5、10,θ 从 $\pi/4$ 到 $\pi/2$ 变化时,谐振条件解有两个。

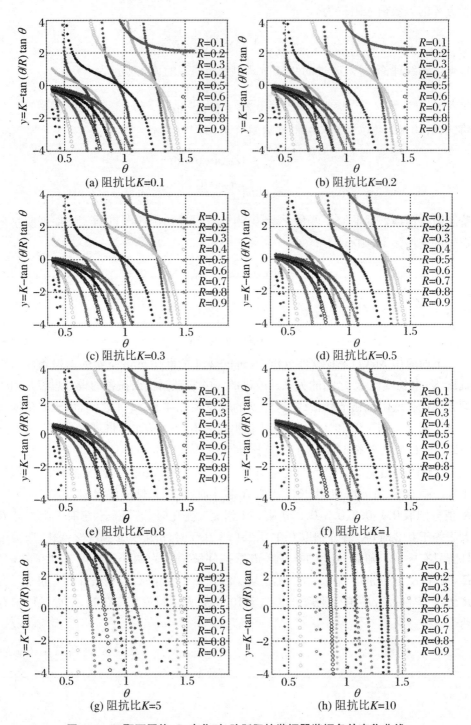

图 4.4 K 取不同值，R 变化时，阶跃阻抗谐振器谐振条件变化曲线

4.2.3 改进型阶跃阻抗器宽阻带带通滤波器的实现

本节设计采用的是改进型的 $\lambda/4$ 阶跃阻抗谐振器,最终设计的拓扑结构图如图 4.5 所示。本节提出了改进型的双层阶跃阻抗谐振器结构,图 4.5(a)展示了三维视图,图 4.5(b)展示了顶层和底层视图。用闭型方环替代传统的低阻抗枝节,高阻抗枝节位于上下两层,其中一个枝节位于顶层,其特征阻抗为 Z_1,电长度为 θ_{11},另一个枝节的电长度为 θ_{12} 位于底层,两高阻抗枝节用导孔连接。在顶层,高阻抗枝节嵌入到闭型方环的内部并进行折叠;在底层,高阻抗枝节折叠后和地连接在一起,其总电长度为 $\theta_{11}+\theta_{12}$;闭型方环特征阻抗为 Z_{02},电长度为 $\theta_2+\theta_3$。采用双层设计的目的是将所设计的滤波器小型化。

本次的设计选用阻抗比 $K=0.8$,电长度比 $R=0.4$。如图 4.6(彩图 5)所示,从中可知产生谐振条件的解有两个:第一个解是 $\theta_1=0.4277$,第二个解是 $\theta_2=1.338$。为了使设计小型化,采用第一个电长度解进行设计,则高阻抗枝节的长度 l_1 和闭型方环低阻抗枝节 l_2 分别为

$$l_1 = \frac{c\theta_1/R}{2\pi f_0\sqrt{\varepsilon_{\text{reff}}}} \tag{4.15}$$

$$l_2 = Rl_1 \tag{4.16}$$

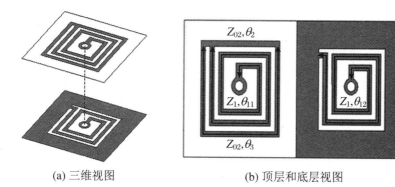

(a) 三维视图　　　　　　(b) 顶层和底层视图

图 4.5　改进型的双层 $\lambda/4$ SIR 谐振器的拓扑结构图

确定了要设计滤波器的中心频率和有效介电常数,就可以计算出需要设计的枝节长度的初值。为了提高滤波器的带外隔离性,选用三阶改进型的 $\lambda/4$ 阶跃阻抗谐振器进行设计,最终设计的总体拓扑结构图如图 4.7 所示。图 4.7(a)展示了所提出的双层三阶带通滤波器的三维视图,其是由三个改进的阶跃谐振器相互耦合级联而成的。在顶层,三个谐振器之间的耦合是通过闭型方环之间的间隙进行的,源-负载耦合馈电线结构是将底层的高阻抗枝节通过一对导孔与顶层的输入输出端口连接。图 4.7(b)是双层三阶带通滤波器的顶层和底层的平面视图。

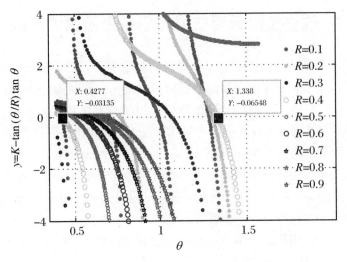

图4.6 改进型的λ/4阶跃阻抗谐振器 $K=0.8, R=0.4$ 时的谐振解

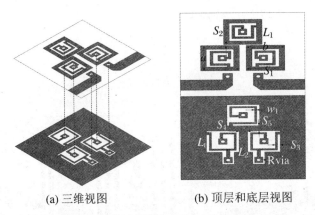

(a) 三维视图　　　　(b) 顶层和底层视图

图4.7 滤波器总体拓扑结构图

图4.8为所设计的滤波器信号的传输路径拓扑结构图,谐振器之间 R_1、R_2、R_3 是混合电磁耦合,在源和负载之间存在两个信号传输路径:第一个信号传输路径是 S→R_1→R_2→R_3→L,第二个信号传输路径是 S→R_1→R_3→L。第一个传输路径是通过传统的电磁交叉耦合进行信号传输,第二个传输路径是通过混合的电磁耦合进行信号传输,电磁混合耦合的抵消效应使所设计的滤波器产生额外的传输零点,这提高了滤波器的选择性和扩展了阻带的通带范围。对于给定的双层阶跃阻抗谐振器,耦合的强弱可以通过闭型方环之间间隙 S_1、S_2 的大小来调整。

为了证实所提出的滤波器设计思想和方法的正确性,采用 HFSS 15.0 版本进行仿真,仿真选用介电常数为3.66,介质损耗角正切为0.0037,厚度为0.508 mm 的罗杰斯 RO4350 的介质材料,导电材料选用铜,$Z_1=111.4\ \Omega$,$w_1=0.2$ mm,

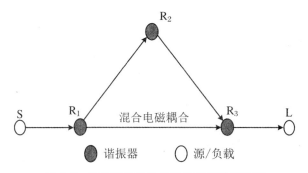

图 4.8　滤波器信号的传输路径拓扑结构图

$Z_2 = 81.4\ \Omega$, $w_2 = 0.4$ mm, $L_1 = 5.10$ mm, $L_2 = 4.50$ mm, $L_t = 3.50$ mm, $S_1 = 0.50$ mm, $S_2 = 0.10$ mm, $S_3 = 0.20$ mm, $S_4 = 0.60$ mm, $S_5 = 0.55$ mm, $R_1 = 0.15$ mm, $a = 2.7$ mm, $b = 2.7$ mm。图 4.9 为 HFSS 仿真的模型图。

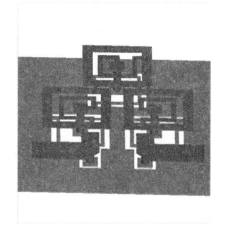

图 4.9　HFSS 仿真的模型图

图 4.10(a)展示了间隙 S_1 的变化对滤波器幅频特性的影响,图 4.10(b)展示了间隙 S_2 的变化对滤波器幅频特性的影响,图 4.10(c)展示了 L_t 的变化对滤波器幅频特性的影响。由图 4.10(a)和(b)可以看出,传输零点 TZ_1 的位置受 S_1 变化的影响不明显;传输零点 TZ_2 的位置受 S_1 和 S_2 变化的影响比较大,在谐振器 R_1 和谐振器 R_3 之间的电磁混合耦合抵消效应使传输零点 TZ_1 产生了,传输零点 TZ_2 是由电磁交叉耦合产生的;传输零点 TZ_4 和 TZ_5 受馈电线的位置 L_t 变化而变化。由图 4.10(a)~(c)可以看出,在滤波器的设计中,由于引入电磁交叉耦合和电磁混合耦合以及设置合理的馈电位置,设计的滤波器带外产生 5 个传输零点,而且通带的选择性能很好。带外阻带范围在低频段 0 GHz~2.5 GHz,阻带衰减大于 30 dB;在高频段 4 GHz~12 GHz,阻带衰减大于 23 dB。通带中心频率为

2.8 GHz，相对带宽达到 9.5%，HFSS 仿真结果验证了宽阻带的窄带带通滤波器设计的成功。

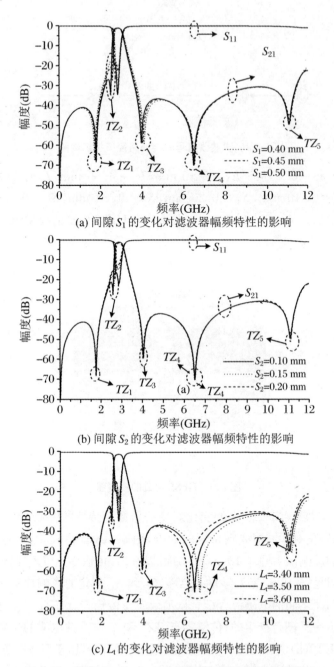

(a) 间隙 S_1 的变化对滤波器幅频特性的影响

(b) 间隙 S_2 的变化对滤波器幅频特性的影响

(c) L_t 的变化对滤波器幅频特性的影响

图 4.10　间隙 S_1、S_2、L_t 的变化对滤波器幅频特性的影响

4.2.4 宽阻带带通滤波器的制作与测试

宽阻带带通滤波器的制作选用的介质材料与仿真一致。是介电常数为 3.66，损耗正切为 0.0037，厚度为 0.508 mm 的罗杰斯 RO4350 板材，导电材料选用铜。制作时选用的结构尺寸为 $w_1=0.2$ mm，$w_2=0.4$ mm，$L_1=5.10$ mm，$L_2=4.50$ mm，$L_t=3.50$ mm，$S_1=0.50$ mm，$S_2=0.10$ mm，$S_3=0.20$ mm，$S_4=0.60$ mm，$S_5=0.55$ mm，$R_1=0.15$ mm，$a=2.7$ mm，$b=2.7$ mm，$Z_1=111.4$ Ω，$Z_2=81.4$ Ω。最终制作的三阶宽阻带带通滤波器的制板尺寸只有 (5.90×4.90) mm^2，相当于 $0.11\lambda_g\times0.08\lambda_g$，其中 λ_g 为通带中心频率的波长，制作的板图如图 4.12 所示，实现了宽阻带小型化微带滤波器的设计。

使用安捷伦网络分析仪 E8363B 进行测试，将测试结果和仿真结果进行对比，对比结果如图 4.11 所示。测试结果表明，通带的中心频率为 2.83 GHz，相对带宽为 9.32%，7 个传输零点在通带两侧产生，传输零点分别位于 1.76 GHz 衰减 70.2 dB，2.53 GHz 衰减 30.7 dB，3.95 GHz 衰减 63.2 dB，6.35 GHz 衰减 65.5 dB，7.95 GHz 衰减 53.5 dB，8.85 GHz 衰减 45.5 dB，12.3 GHz 衰减 39.5 dB。通带的选择性能很好，带外阻带范围在低频段 0 GHz～2.53 GHz，阻带衰减大于 28 dB；高频段 4 GHz～15 GHz，阻带衰减大于 20 dB。

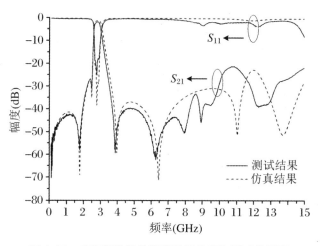

图 4.11 宽阻带微带带通滤波器仿真和测试结果图

(a) 顶层　　　　　　　(b) 底层

图 4.12　制作的双层宽阻带带通滤波器的板图

4.2.5　小结

本节主要论述了宽阻带带通滤波器的设计方法。为了使设计的滤波器小型化,本书采用双层结构设计,将高阻抗枝节嵌入到方环内部并对微带线进行折叠,使其结构结构紧凑,尺寸小型化;采用电磁混合耦合和合理的馈电位置设置,使所设计的滤波器带外产生多个传输零点,提高了通带的选择性能。通带的中心频率为 2.83 GHz,相对带宽为 9.32%,7 个传输零点在通带两侧产生,传输零点分别位于 1.76 GHz 衰减 70.2 dB,2.53 GHz 衰减 30.7 dB,3.95 GHz 衰减 63.2 dB,6.35 GHz 衰减 65.5 dB,7.95 GHz 衰减 53.5 dB,8.85 GHz 衰减 45.5 dB,12.3 GHz 衰减 39.5 dB。通带的选择性能很好,带外阻带范围在低频段 0 GHz~2.53 GHz,阻带衰减大于 28 dB;高频段 4 GHz~15 GHz,阻带衰减大于 20 dB,测试结果和 HFSS 仿真结果高度吻合。将本工作与其他参考文献[123,125,127-129]设计的宽阻带滤波器进行对比,见表 4.1。

表 4.1　本工作所设计宽阻带滤波器与其他文献设计的宽阻带滤波器比较

文献	通带中心频率 f_0(GHz)	相对带宽(%)	传输零点(个)	插入损耗(dB)	阻带宽度衰减(dB)	制板尺寸
[123]	1.51	—	2	2.7	$8.2f_0$(≥30 dB)	$0.32\lambda_g \times 0.22\lambda_g$
[125]	2.4	15.8	3	0.78	$4f_0$(≥20 dB)	$0.23\lambda_g \times 0.17\lambda_g$
[127]	1.5	8.9	3	2.52	$10.6f_0$(≥23.7 dB)	$0.16\lambda_g \times 0.12\lambda_g$
[128]	2	5.9	5	2.6	$2.88f_0$(≥27 dB)	$0.12\lambda_g \times 0.08\lambda_g$
[129]	2	7.6	—	2.6	$11.4f_0$(≥27.5 dB)	$0.2\lambda_g \times 0.13\lambda_g$
本工作	2.83	9.32	7	1.57	$5.26f_0$(≥23.7 dB)	$0.11\lambda_g \times 0.08\lambda_g$

从表 4.1 可以看出,本工作所设计的滤波器具有很好的通带选择性和较好的

参数指标。其结构紧凑,尺寸较小,制作的宽阻带带通滤波器的制板尺寸只有(5.90×4.90) mm^2,相当于$0.11\lambda_g \times 0.08\lambda_g$。

4.3 基于T形枝节阶跃阻抗器超宽带微带滤波器的设计

4.3.1 引言

用相对带宽(FBW)来定义窄带、宽带和超宽带信号,即
$$FBW = 2(f_H - f_L)/(f_H + f_L)$$
其中f_H为3 dB带宽的高端频率,f_L为3 dB带宽的低端频率,中心频率为$(f_H + f_L)/2$。规定$FBW<10\%$的信号为窄带信号;$10\%<FBW<25\%$的信号为宽带信号;$FBW\geqslant 25\%$并且中心频率大于500 MHz以上的信号为超宽带信号。超宽带技术在军事、医疗以及消费类产品与服务等诸多领域具有独特的应用价值,超宽带无线通信系统为高速、大容量、短距离无线通信提供了可能。超宽带微带滤波器作为超宽带无线通信系统中非常重要的元件,近年来,引起了学者们广泛的注意和研究。

超宽带微带滤波器的研究和拓扑结构的实现概括起来有以下几种方法:

(1) 采用低高通级联滤波器的复合结构设计超宽带滤波器[130-131]。

文献[153]中,采用低高通级联的共面波导微带滤波器来设计宽带滤波器。该滤波器结构紧凑,仿真和测试曲线的上、下边带的边沿特性陡峭,抑制衰减很快,具有良好的阻带特性;但是带内衰减较大,通带范围不够宽。文献[154]中,采用类似集总参数元件的电感、电容微带线和双板平面的电磁带隙(EBG)结构分别设计低通和高通滤波器,低高通级联,双层结构布局,顶层结构布局中左边宽而短的微带线设计成为高通滤波器,右边细而长的微带线设计成为低通滤波器。成功设计的超宽带滤波器通带高达7 GHz,上、下边带特性非常陡峭,矩形系数特性很好,上边带阻带范围在12 GHz~20 GHz,抑制衰减高达30 dB,通带插入损耗小于1.5 dB。

(2) 采用平行耦合微带线结构设计超宽带滤波器[132-136]。

文献[155]中,改进的平行耦合线结构与传统的平行耦合线结构相比较,其设计的宽带滤波器具有更好的上边沿特性。文献[156]中,利用$\lambda/4$的平行边沿耦合微带线和$\lambda/4$阶跃阻抗谐振器设计宽带滤波器,高频段阻带高达15 GHz,阻带衰减大于20 dB,但是相对带宽低于70%。文献[158]中,采用三线平行耦合结构来

设计超宽带滤波器,其优点是制作工艺简单,可以获得更宽的相对带宽,但是相对带宽仍然低于70%。文献[159]中,利用一级平行耦合线和两个方形的枝节阶跃阻抗谐振器来设计超宽带滤波器,结构新颖、简单,并且性能特性很好,通带范围在3.1 GHz～9.9 GHz,通带内插入损耗小于0.8 dB,上边带阻带在10.9 GHz～25.1 GHz,阻带衰减高于20 dB。

(3) 利用环形的多模谐振器[137-141]和枝节加载的多模谐振器[142-152]来设计超宽带滤波器。

I. Wolff教授最早提出环形双模结构[153]。加入微扰单元以及调谐枝节使简并模式分离,谐振模式增加,通带谐振模式增多,从而展宽通带带宽,环形谐振器的加入进一步改善滤波器的选择性能。文献[160-163]中,环形和方形结构简单,通带谐振模式较少,因而其设计的滤波器通带范围较窄,阻带范围也不够宽。文献[164]中,将三对并联开路谐振环枝节连接到一根高阻抗微带线上,设计的滤波器结构紧凑,尺寸较小,滤波器的通带范围在3.1 GHz～10.6 GHz,插入损耗小于1 dB,阻带范围在11.7 GHz～33.5 GHz,衰减大于30 dB。利用阶跃阻抗谐振器、T形枝节加载和十字形交叉枝节形成的多模谐振器来设计超宽带滤波器,滤波器的通带范围宽;但由于多模谐振特性的寄生效应,通常阻带外抑制特性不够好。为了改善带外抑制特性,扩宽阻带范围,可以将枝节加载的多模谐振器与缺陷地结构结合起来[142,147,150]。文献[173]中,设计的滤波器通带范围在3.1 GHz～11.1 GHz,相对带宽为117%,通带的边沿特性很好,矩形系数为0.902,带内插入损耗小于1.4 dB,阻带范围在11.1 GHz～29.7 GHz,抑制衰减大于20 dB,带内群延时特性相对平坦。

(4) 采用微带和共面波导的复合结构来设计超宽滤波器[153-155]。

在微带线的地板上蚀刻出共面波导阶跃阻抗器(CPW-SIR),利用它的多模谐振性和宽边耦合作用扩展宽带传输特性。利用共面波导的单平面特性,只需要简单的蚀刻工艺即可实现该短路枝节,因此减少了不必要的损耗,优化了滤波器的性能。但是该方法设计的滤波器尺寸较大,阻带范围不够宽。

以上这些方法设计的超宽带滤波器具有宽的通带性能,适宜的通带延时特性,良好的阻带特性。但是这滤波器的尺寸不够小,不适用于便携式终端产品。为了有效减小所设计的滤波器体积,本节提出了多模谐振器多层设计技术,应用电磁耦合技术在超宽带滤波器通带两侧引入传输零点,提高滤波器的选择性和带外阻带特性。所设计出来超宽带滤波器的相对带宽达到84.7%,滤波器的尺寸仅为(6.5×3.4) mm^2。

4.3.2 多模谐振器 T 形短路枝节理论分析

图 4.13(a)为 T 形短路枝节的结构布局,图 4.13(b)为 T 形短路枝节的奇模等效电路,图 4.13(c)为 T 形短路枝节的偶模等效电路。

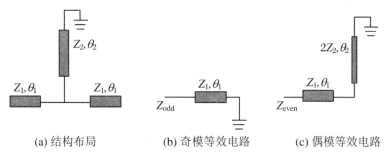

(a) 结构布局　　　(b) 奇模等效电路　　　(c) 偶模等效电路

图 4.13　T 形短路枝节

如图 4.13(a)所示的 T 形短路枝节由两节开路枝节和一节短路枝节构成,其开路枝节特征阻抗为 Z_1,电长度为 θ_1;短路枝节的特征阻抗为 Z_2,电长度为 θ_2。根据电路结构的对称性,应用电磁墙壁的分析方法得到奇偶模等效电路,用电墙壁分析时得到的是奇模等效电路,用磁墙壁分析时得到的是偶模等效电路。图 4.13(a)中 T 形短路枝节的等效输入导纳为

$$Y_{in} = \frac{j[2\tan\theta_2 - Z_2/(Z_1 \tan\theta)]}{Z_2 + Z_2^2 \tan\theta_2/(Z_1 \tan\theta_1) - Z_2 \tan^2\theta_2} \tag{4.17}$$

为了便于分析,令 $\theta_1 = \theta_2 = \theta$,则有

$$Y_{in} = \frac{j[2\tan\theta - Z_2/(Z_1 \tan\theta_1)]}{Z_2 + Z_2^2/Z_1 - Z_2 \tan^2\theta} \tag{4.18}$$

当电路谐振时,则有 $Y_{in}=0$,可以解出谐振解为

$$\theta_0 = \pi/2, \quad \theta_1 = \arctan(\sqrt{Z_2/(2Z_1)}), \quad \theta_2 = \pi - \arctan\sqrt{Z_2/(2Z_1)}$$

设电长度谐振解 θ_0、θ_1、θ_2 分别对应的谐振频率为 f_0、f_1、f_2,阻抗比 $K = Z_2/Z_1$,则归一化频率为

$$\frac{f_1}{f_0} = \frac{\theta_1}{\theta_0} = 2\arctan(\sqrt{K/2})/\pi \tag{4.19}$$

$$\frac{f_2}{f_0} = \frac{\theta_2}{\theta_0} = 2 - 2\arctan(\sqrt{K/2})/\pi \tag{4.20}$$

归一化频率与阻抗比的关系曲线图 4.14 所示。当电长度 θ_0 确定以后就可以根据 $\theta_0 = \beta l_0 = \frac{2\pi}{\lambda_p} l_0$,又 $\lambda_p = \frac{c}{\sqrt{\varepsilon_{eff}} f_0}$,求出谐振频率 $f_0 = \frac{\theta_0 c}{2\pi l_0 \sqrt{\varepsilon_{eff}}}$,其中 β 为电磁波传播的相位常数,λ_p 为电磁波在空间媒质中传播的相速波长,ε_{eff} 为传播媒质的有效

介电常数。再根据式(4.19)、式(4.20),只要知道阻抗比 K 的值就可以求出 f_1、f_2。若令 $l_0 = \lambda_p/4$,此时 $\theta_0 = \pi/4$,f_0 就是归一化的基准频率。当阻抗比 $K=1$ 时,三个谐振频率对应的电长度分别是 $\pi/2$、$\pi/4$、$3\pi/4$。由图 4.14 可知,谐振频率 f_1、f_2 与基频 f_0 是 0.5 倍和 1.5 倍的关系;阻抗比 $K<1$ 时,K 值越小,谐振频率 f_1、f_2 与基频 f_0 就越远;阻抗比 $K>1$ 时,K 值越大,谐振频率 f_1、f_2 与基频 f_0 就越靠近。

用奇偶模等效分析方法来分析 T 形短路枝节多模谐振频率的关系。图 4.13(b) 所示的 T 形短路枝节的奇模等效电路的输入导纳为

$$Y_{odd} = 1/Z_{odd} = -j\cot(\theta_1)/Z_1 \qquad (4.21)$$

奇模电路谐振时,$\theta_1 = \frac{\pi}{2}(2k+1)(k \in \mathbf{Z})$,有 $Y_{odd} = 0$,可以解得

$$f_{odd} = \frac{(2k+1)c}{4l_1\sqrt{\varepsilon_{eff}}} \quad (k \in \mathbf{Z}) \qquad (4.22)$$

其中 l_1 是特征阻抗为 Z_1、电长度为 θ_1 的开路枝节 $\lambda/4$ 微带线的长度。

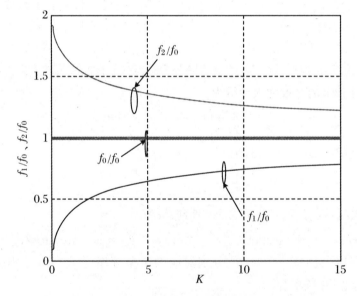

图 4.14 归一化频率与阻抗比的关系曲线

图 4.13(c)中的 T 形短路枝节的偶模等效电路的输入导纳为

$$Y_{even} = 1/Z_{even} = Z_1 \frac{Z_1 - 2Z_2 \tan\theta_1 \tan\theta_2}{j2Z_2 \tan\theta_2 + jZ_1 \tan\theta_1} \qquad (4.23)$$

令 $K = Z_2/Z_1$,$\theta_T = 2\theta_1$,$\alpha = \theta_2/\theta_T$,偶模电路谐振时,$Y_{even} = 0$,则有

$$1 - 2K\tan\theta_1 \tan(2\alpha\theta_1) = 0 \qquad (4.24)$$

选定特征阻抗为 Z_1,电长度 θ_1 为 $\pi/2$ 的奇模谐振频率为基准频率 f_0,其他偶模高

次谐振频率以频率 f_0 为基准进行归一化。下面研究当 $\alpha=0.1:0.1:0.9, K=0.1:0.1:1$ 时偶模高次归一化频率的变化曲线,如图 4.15(见彩图 6)所示。

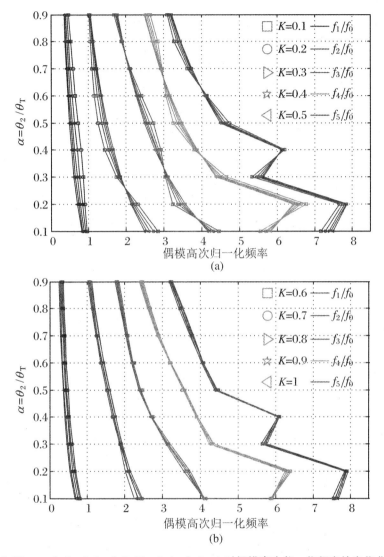

图 4.15 $\alpha=0.1:0.1:0.9, K=0.1:0.1:1$ 时偶模高次归一化频率的变化曲线

图 4.15 中的不同的标记形状表示不同的阻抗值,不同的颜色表示不同的偶模高次归一化频率。随着 K 值的增加,高次归一化频率受阻抗比 K 值的变化趋势不是很明显,但是整体的值在下降。由上面的 T 形短路枝节的奇偶模谐振频率的分析可以知道,确定设计的滤波器的中心频率 f_0,根据式(4.22)就可知道开路枝节的长度 l_1;选定好阻抗比 K 和电长度比值 α,再确定开路枝节 l_1 的特征阻抗 Z_1,就可求出短路枝节 l_2 的长度和特征阻抗 Z_2。设计尽可能多的多模谐振频率恰好

在超宽带的通带内,达到展宽通带的目的。再选取源与负载的电磁耦合方式,在通带外引入传输零点,提高通带的选择性和阻带特性。

4.3.3 超宽带滤波器的设计与仿真

为了减小滤波器的尺寸,电路设计采用多层电路板设计技术。图4.16为超宽带滤波器结构及传输线模式图,结构简单。其由一个T形短路枝节和一对长度为l_3的平行耦合线组成,并将它们分别布局在不同层的电路板上,两层的距离为d,源与负载端口的馈电线与一对平行耦合线形成L形,L形的短路枝节与T形的短路枝节平行,一对长度为l_4的L形的馈电线枝节与长度为$2l_1$的T形枝节平行,这样源与负载形成多耦合路径效应,通带外引入传输零点。电路设计由四层组成,最上层和最下层都是地,中间两层是传输线,中间由介电常数为14的ULF140的介质材料填充,四层结构的外围接地。根据理论分析和HFSS仿真,最终的电路设计的参数如下:$d=0.1$ mm, $h=1.6$ mm, $w_1=0.4$ mm, $l_1=3$ mm, $w_2=0.4$ mm, $l_2=3$ mm, $w_3=0.6$ mm, $l_3=3.4$ mm, $w_4=0.2$ mm, $l_4=3$ mm, $s_1=0.7$ mm。

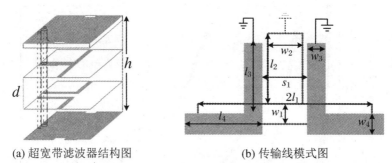

(a) 超宽带滤波器结构图　　(b) 传输线模式图

图4.16　超宽带滤波器结构及传输线模式图

由于源与负载形成多耦合多路径传输效应,信号传输有两条主要路径:第一条是源与负载通过窄缝隙s_1直接耦合;第二条是源通过平行耦合线与多模T形短路枝节耦合后,再通过负载边的微带线发生耦合,最后信号从终端输出。由于电磁混合耦合相互抵消,通带外引入传输零点。如图4.17所示,增加一对平行耦合线,在通带外引入了三个传输零点,超宽带的频率低端引入了一个传输零点,在超宽带的频率高端引入了两个传输零点。虽然通带范围变窄,但是阻带范围变宽,矩形系数变好,符合超宽带滤波器在低频段0 GHz～2.5 GHz信号衰减在30 dB以上的设计要求。

下面用4.3.2节的理论对该电路设计进行分析。已知$l_1=3$ mm,根据式(4.22)可求出中心频率$f_0\approx6.68$ GHz,因为$w_1=w_2=0.4$ mm, $l_1=l_2=3$ mm,则有$K=1,\alpha=1$,从而可求出$f_1\approx3.34$ GHz, $f_2=10.02$ GHz。若要设计超宽带滤波

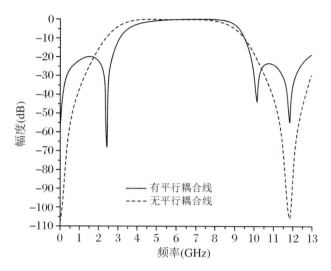

图 4.17 有无平行耦合线电路仿真曲线

器,根据超宽带滤波器通带带宽的规定,f_0、f_1、f_2 这三个频点应在通带带宽范围内,从图 4.17 可知,无耦合时三个频点恰好在宽带的通带范围内。平行耦合线 l_3 的长度为频率 5.895 GHz 的 $\lambda/4$。调整电路板整体的高度 h,就可以调整输入输出端口的匹配。仿真曲线图 4.18(a)展示了电路板整体高度 h 的变化对幅频特性的影响。随着高度 h 的减小,传输零点的位置保持不变,然而通带的中心频率和带宽有些变化,通带内的回波损耗在增加。当 $h=1.6$ mm 时,可以获得较好的阻抗匹配,仿真结果表明此时的中心频率为 5.9 GHz,相对带宽达到 84.7%,带内回波损耗大于 34 dB,中心频率偏移理论值约为 80 MHz,相对带宽和插入损耗符合超宽带滤波器的设计标准。然而,通带两侧的传输零点,在低频段的抑制衰减小于 40 dB,在高频段的抑制衰减小于 15 dB,为了进一步改进所设计超宽带滤波器的设计性能,对滤波器的参数 w_1、s_1 和 w_3 进行优化。从图 4.18(b)、(c)和(d)中可以看出,通带外的三个传输零点和插入损耗均受参数 w_1、s_1 和 w_3 影响较大,当 $w_1=0.6$ mm,$s_1=0.7$ mm 和 $w_3=0.4$ mm 时其可以获得更好的性能,也可以得到性能良好的仿真曲线,低频段阻带衰减大于 30 dB,高频段阻带衰减大于 25 dB。

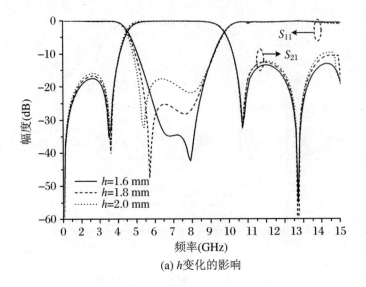

(a) h 变化的影响

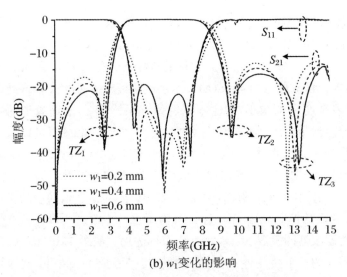

(b) w_1 变化的影响

图 4.18　电路参数的变化对滤波器幅频特性的影响

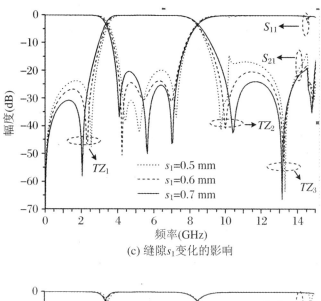

(c) 缝隙s_1变化的影响

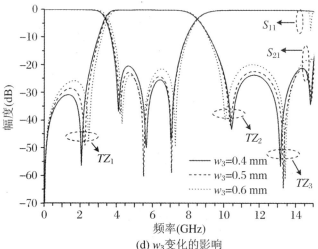

(d) w_3变化的影响

图 4.18 电路参数的变化对滤波器幅频特性的影响(续)

4.3.4 超宽带滤波器的制作与测试

对所设计的滤波器进行制作,并应用安捷伦网络分析仪进行测试,最终的滤波器是按照仿真时所获得的最佳性能的参数指标制作的。$d=0.1$ mm,$h=1.6$ mm,$w_1=0.4$ mm,$l_1=3$ mm,$w_2=0.4$ mm,$l_2=3$ mm,$w_3=0.6$ mm,$l_3=3.4$ mm,$w_4=0.2$ mm,$l_4=3$ mm,$s_1=0.7$ mm。最终的实物图如图 4.20 所示,尺寸较小,仅有(6.5×3.4) mm²,达到了小型化设计的目的。测试和仿真结果对比图如图 4.19 所示。

由于测试工具和制作工艺等的影响,测试结果和仿真结果有些差异,但整体上基本保持不变。测试结果显示,该滤波器的中心频率为 6 GHz,相对带宽为 74.8%,三个传输零点在通带两侧,分别位于 2.1 GHz,抑制衰减 36.25 dB,位于 9.25 GHz,抑制衰减 27.02 dB,位于 10.56 GHz,抑制衰减 28.58 dB。

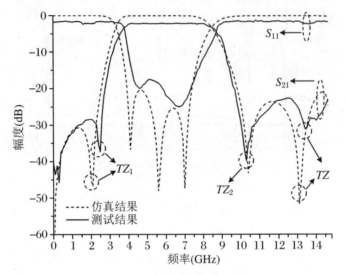

图 4.19 测试和仿真结果对比图

图 4.20 滤波器实物图

4.3.5 结论

本节介绍了应用多层电路板设计技术和具有多模谐振器的 T 形短路枝节设计的超宽带滤波器,其比传统的平面电路板设计的尺寸要小很多,实现了滤波器设计的小型化、便于集成的目的,完成了超宽带滤波器的性能参数指标,超宽带 3 dB 带宽在 3.59 GHz~8.21 GHz,带内插入损耗小于 2 dB。通过源-负载耦合和电磁混合耦合技术引入传输零点,滤波器的选择性和带外谐波抑制性能得到提升。仿真和测试结果有些差异,这是测试工具和制作工艺、理论和实际参数的误差等造成的,但整体效果不错。该滤波器的高频段阻带范围有待扩展。

本 章 小 结

本章对宽阻带微带滤波器和超宽带滤波器进行研究与设计,设计的基本思想是将具有多模谐振特性改进的阶跃阻抗器和T形枝节阶跃阻抗谐振器分别作为宽阻带和超宽带滤波器的谐振单元。根据它们的拓扑结构,用传输线网络模式进行分析,应用MATLAB软件选取最佳设计参数。本设计采用源-负载耦合、电磁交叉耦合和电磁混合耦合等多种耦合方式,在通带外引入传输零点从而提高滤波器的选择性和带外抑制性,消除杂波和谐波信号对电路的影响。本章所设计的两款滤波器,采用多层电路板和阶跃阻抗器谐振单元相结合的设计形式,与传统电路设计相比较,大大缩小了尺寸,达到滤波器小型化设计的目的。

第 5 章　基于并行 T 形枝节匹配网络双带功率放大器的设计

5.1　引　　言

对微带滤波器与功率放大器的阻抗匹配网络进行联合设计,既要实现滤波功能,又要实现信号功率的最大传输。这可以减少匹配网络到标准阻抗的匹配过程,减少板面设计面积和设计成本,使设计电路小型化。随着现在无线通信技术的快速发展,多载波、高数据率的无线通信系统对多模多带的无线通信器件研制提出了迫切要求[95]。在这种背景下,为了节约成本,减小通信器件的尺寸,将多带滤波器与射频功率放大器的匹配网络联合设计已经成为一个热门的研究方向。当多个通信频段间隔较远,宽带功率放大器不能覆盖所有通信频段时,具有滤波功能的多带功率放大器成为一种最佳选择[156-157]。因为宽带功率放大器要兼顾整个频带的参数指标,而多模多带功率放大器只需要兼顾所需频点的增益、效率和输出功率。例如,设计的双带功率放大器的中心频率为 0.9 GHz/2.6 GHz,两者的通信频率接近 3 倍频程,若设计一个覆盖 0.9 GHz~2.6 GHz 的宽带功率放大器,难度是很大的,而且不能保证 0.9 GHz 和 2.6 GHz 这两点所获得的增益、效率和输出功率是理想的。文献[185]应用两节或者三节传输线来实现双带功率放大器的匹配网络,但是双带功率放大器的增益、效率和输出功率的特性曲线不具有滤波特性,即带内参数指标最大化,带外衰减。即使利用 π 形枝节设计双带的阻抗匹配网络[158-160],双带功率放大器的增益、效率和输出功率的特性曲线也不具有通带特征,并且设计的双带功率放大器的尺寸较大,不满足小型化的需求。本章基于滤波器的设计思想,使用并行 T 形开路枝节和 T 形短路枝节的阶跃阻抗谐振器来设计功率放大器的输入和输出匹配网络,设计一款基于 GSM 和 LTE 应用的具有滤波功能的双带功率放大器,其工作频点分别为 0.9 GHz 和 2.6 GHz。所设计的双带功率放大器的增益曲线、效率曲线和输出功率曲线具有良好的通带特性和阻带特性,并且整个电路板的尺寸仅有(4.5×4.2) cm^2。

5.2 双带功率放大器的实现

5.2.1 并行的 T 形枝节加载的输出匹配网络

图 5.1(a)和(b)分别是基于 0.9 GHz 和 2.6 GHz 的 T 形枝节阶跃阻抗谐振器的阻抗匹配电路结构,图 5.1(c)是双带并行工作时的阻抗匹配电路结构。双带并行工作时,上下两条并行支路彼此之间相互影响,为了使两者影响最小,需要每条支路在自己的频段工作时,相应的另一条支路处于开路状态,即

$$\begin{cases} Z_{in}@f_1 = R_1 + jX_1 = Z_{opt}@f_1, 且 |Z_{in}|@f_2 = \sqrt{R_1^2 + X_1^2} = \infty \\ Z_{in}@f_2 = R_2 + jX_2 = Z_{opt}@f_2, 且 |Z_{in}|@f_1 = \sqrt{R_2^2 + X_2^2} = \infty \end{cases} \quad (5.1)$$

其中 $Z_{opt}@f_1$ 和 $Z_{opt}@f_2$ 分别是匹配网络工作在频率 $f_1 = 0.9$ GHz 和 $f_2 = 2.6$ GHz 的最佳匹配阻抗。阻抗匹配网络的输入阻抗是频率的函数,中心频率为 0.9 GHz 的频段相对于 2.6 GHz 的频段是低频信号,中心频率为 2.6 GHz 的频段相对于 0.9 GHz 的频段是高频信号。T 形枝节实现的实阻抗到实阻抗的匹配网络具有低通、高通、带通滤波器的特征。

用 $ABCD$ 参数矩阵来分析匹配网络图 5.1(a)的等效输入阻抗,即

$$A = B \cdot C \cdot D \quad (5.2)$$

其中

$$A = \begin{bmatrix} A_{11} & A_{12} \\ A_{21} & A_{22} \end{bmatrix}, \quad B = \begin{bmatrix} \cos\theta_1 & jZ_1\sin\theta_1 \\ j\sin\theta_1/Z_1 & \cos\theta_1 \end{bmatrix}$$

$$C = \begin{bmatrix} 1 & 0 \\ \dfrac{1}{jZ_3\tan\theta_3} & 1 \end{bmatrix}, \quad D = \begin{bmatrix} \cos\theta_2 & jZ_2\sin\theta_2 \\ j\sin\theta_2/Z_2 & \cos\theta_2 \end{bmatrix}$$

图 5.1(a)的等效输入阻抗可以表示为

$$Z_{in}@f_1 = \frac{A_{12} + A_{11}Z_L}{A_{22} + A_{21}Z_L} \quad (5.3)$$

令 $Z_1 = Z_2, \theta_1 = \theta_2 = \theta_3 = \theta, k = Z_3/Z_1$,则有

$$Z_{in}@f_1 = \frac{A_{12} + A_{11}Z_L}{A_{22} + A_{21}Z_L}$$

$$= \frac{jZ_1\tan(\theta) + Z_L\left[1 - \tan(\theta)^2 + \dfrac{j}{k}\right] + jZ_1\tan(\theta)\left(1 + \dfrac{j}{k}\right)}{Z_L\left[\dfrac{1}{kZ_1\tan(\theta)} + \dfrac{j2\tan(\theta)}{Z_1}\right] + 1 + jZ_1\tan(\theta)\left[\dfrac{1}{kZ_1\tan(\theta)} + \dfrac{j\tan(\theta)}{Z_1}\right]}$$

$$(5.4)$$

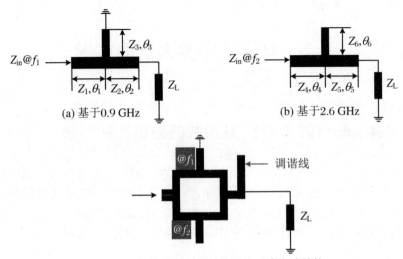

(a) 基于0.9 GHz (b) 基于2.6 GHz

(c) 双带并行工作时的阻抗匹配电路结构

图 5.1 T形枝节阶跃阻抗谐振器的阻抗匹配电路结构

图 5.2(见彩图 7)表示当阻抗比 k 变化时,图 5.1(a)中输入阻抗的变化曲线,当阻抗比减小时,输入阻抗的实部和虚部都在减小。当知道 Z_1、Z_L、$Z_{opt}@f_1$ 的值时,根据 $\mathrm{Re}(Z_{opt}@f_1) = \mathrm{Re}(Z_{in}@f_1)$,$\mathrm{Im}(Z_{opt}@f_1) = \mathrm{Im}(Z_{in}@f_1)$ 就可以求出 k 和电长度 θ 的值。

同理,令 $Z_4 = Z_5$,$\theta_4 = \theta_5 = \theta_6 = \theta$,$k = Z_6/Z_4$,图 5.1(b)的等效输入阻抗为

$$Z_{in} = -\frac{Z_L\left[\tan(\theta)^2 + \frac{\tan(\theta)^2}{k} - 1\right] - jZ_4\tan(\theta) + jZ_4\tan(\theta)\left[\frac{\tan(\theta)^2}{k} - 1\right]}{Z_L\left[\frac{jk\tan(\theta)}{Z_4} + j\frac{\tan(\theta)}{kZ_4}\right] + 1 - Z_4\tan(\theta)\left[\frac{k\tan(\theta)}{Z_4} + \frac{\tan(\theta)}{kZ_4}\right]}$$

(5.5)

如图 5.3(见彩图 8)所示,当阻抗比 k 变化时,输入阻抗的虚部和实部在变化,随着 k 值的增大,阻抗的虚部和实部彼此的距离在拉开。当知道 Z_4、Z_L、$Z_{opt}@f_2$ 的值时,根据 $\mathrm{Re}(Z_{opt}@f_2) = \mathrm{Re}(Z_{in}@f_2)$,$\mathrm{Im}(Z_{opt}@f_2) = \mathrm{Im}(Z_{in}@f_2)$ 就可以求出 k 和电长度 θ 的值。根据功率放大器的 Load-pull 仿真,GaN HEMT CGH40010 晶体管的最佳输入输出阻抗在 0.9 GHz 时分别是 $(20 + j21.5)\ \Omega$ 和 $(25 + j34)\ \Omega$,在 2.6 GHz 时分别是 $(4.37 - j5.08)\ \Omega$ 和 $(13.2 + j12.1)\ \Omega$。从图 5.2 中知道,若支路 0.9 GHz 输出匹配网络的输入阻抗与 $Z_{opt}@f_1 = (25 + j34)\ \Omega$ 相匹配,则可以确定 $k = 5$,$\theta = 0.21$,$Z_1 = 20\ \Omega$。

从图 5.3 中知道,若支路 2.6 GHz 输出匹配网络的输入阻抗与 $Z_{opt}@f_2 = (13.2 + j12.1)\ \Omega$ 相匹配,则可以确定 $k = 0.8$,$\theta = 0.40$,$Z_4 = 40\ \Omega$,再根据式(5.5)求出枝节的长度,即

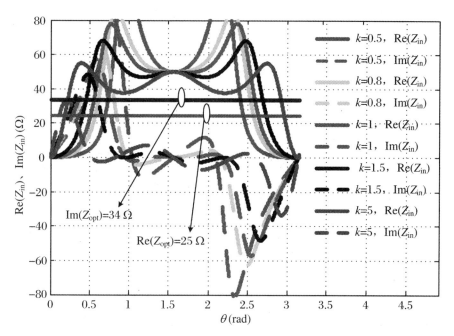

图 5.2 $Z_{in}@f_1$ 支路输入阻抗随阻抗比的变化曲线

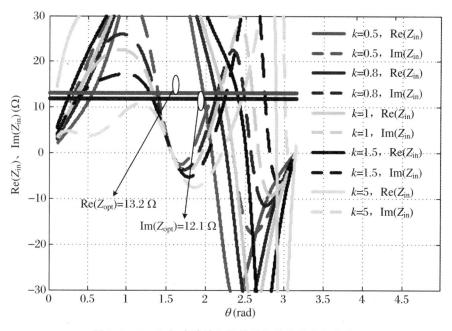

图 5.3 $Z_{in}@f_2$ 支路输入阻抗随阻抗比的变化曲线

$$l = \frac{c\theta}{2\pi f \sqrt{\varepsilon_{\text{reff}}}} \tag{5.6}$$

如图 5.4 所示,由于两个并行 T 形枝节的匹配网络并联后会影响总的输入阻抗,因此在设计时增加一个开路枝节作为阻抗匹配网络的微调线。确定初值后,借助 ADS 工具优化,最后得到的设计参数如图 5.4(b)和图 5.4(c)所示。

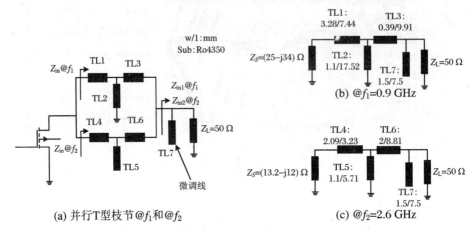

图 5.4 输出匹配网络的设计

5.2.2 双带功率放大器仿真

功率放大器的匹配网络的匹配好坏用 $dB[S(1,1)]$ 来估计,$dB[S(1,1)]$ 定义为

$$dB[S(1,1)] = -20\log|\Gamma_{\text{in}}| \tag{5.7}$$

其中

$$\Gamma_{\text{in}} = \frac{Z_{\text{in}} - Z_{\text{opt}}}{Z_{\text{in}} + Z_{\text{opt}}} \tag{5.8}$$

反射系数 Γ_{in} 越小,$dB[S(1,1)]$ 就越小,其匹配功能就越好,这要求 $|Z_{\text{in}} - Z_{\text{opt}}|_{\text{min}}$ 的值越小越好。图 5.5(见彩图 9)(a)展示了 @f_1 = 0.9 GHz 输出匹配网络支路,@f_2 = 2.6 GHz 输出匹配网络支路,@f_1 = 0.9 GHz 和 @f_2 = 2.6 GHz 并行匹配网络的输入阻抗随频率变化的情况。图 5.5(b)展示了 @f_1 = 0.9 GHz 输出匹配网络支路,@f_2 = 2.6 GHz 输出匹配网络支路,@f_1 = 0.9 GHz 和 @f_2 = 2.6 GHz 并行匹配网络的 $dB[S(1,1)]$ 随频率变化的情况。图 5.5(a)中还不能直观地观察到双带功率放大器网络匹配的好坏,然而在图 5.5(b)中就可以看到,@f_1 = 0.9 GHz 输出匹配网络支路的 $dB[S(1,1)]$ 在 0.9 GHz 时低于 −20 dB,@f_1 = 0.9 GHz 输出匹配网络支路的 $dB[S(1,1)]$ 在 2.6 GHz 时低

于−18 dB，两条支路并行后的匹配程度在 0.9 GHz 和 2.6 GHz 有所减小。因此在设计电路时增加了一个变量枝节 TL7 进行调节和修正。经过仿真优化后，最后得到的电路参数设计如图 5.4 所示。

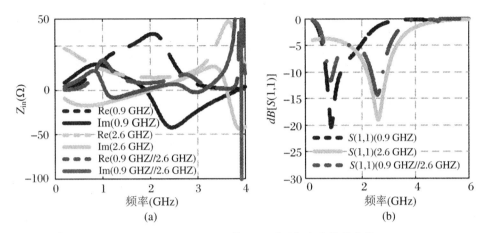

图 5.5 输入阻抗和 $dB[S(1,1)]$ 随频率变化的曲线

（a）@f_1 = 0.9 GHz 输出匹配网络支路，@f_2 = 2.6 GHz 输出匹配网络支路，@f_1 = 0.9 GHz 和 @f_2 = 2.6 GHz 并行匹配网络的输入阻抗随频率变化的曲线；（b）@f_1 = 0.9 GHz 输出匹配网络支路，@f_2 = 2.6 GHz 输出匹配网络支路，@f_1 = 0.9 GHz 和 @f_2 = 2.6 GHz 并行匹配网络的 $dB[S(1,1)]$ 随频率变化的曲线

同理，按照上面介绍的思想设计双带功率放大器输入匹配电路，最终的整体电路如图 5.6 所示。射频功率放大晶体管是 CGH40010 GaN 高电子迁移率晶体管（HEMT），衬底材料是罗杰斯 RO4350[h = 20 mil(1 mil = 10^{-3} inch = 0.0254 mm)，ε_r = 3.66]，使用 ADS 2013 进行仿真，仿真结果如图 5.7 所示。从图中可以看出，在 0.8 GHz～1 GHz 范围内功率放大器的最大输出效率为 73%，最大输出功率达到 41 dB，最大功率增益为 12.5 dB；在 2.3 GHz～2.7 GHz 范围内功率放大器的最大输出效率为 80.5%，最大输出功率达到 41.5 dB，最大功率增益为 13.5 dB。输出效率、输出功率以及功率增益具有良好的类似双带滤波器特性的曲线，在中心频率 0.9 GHz 附近至少有 250 MHz 带宽输出效率大于 65%，在中心频率 2.6 GHz 附近至少有 350 MHz 带宽输出效率大于 65%，而且在这些带宽范围内的功率增益和输出功率分别高于 10.5 dB 和 40 dBm。本节设计的基于并行 T 形枝节匹配网络的双带功率放大器，与以往报道的双带功率放大器相比，输出效率、输出功率以及功率增益具有良好的类似双带滤波器的特性曲线，在通带内，输出效率、输出功率以及功率增益性能良好，通带外得到抑制，体现了良好的双带功率放大器特性。

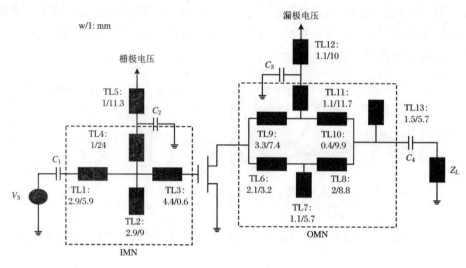

图 5.6 双带功率放大器设计电路

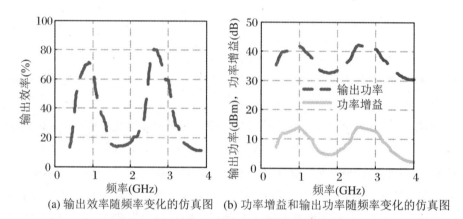

(a) 输出效率随频率变化的仿真图　(b) 功率增益和输出功率随频率变化的仿真图

图 5.7 双带功率放大器仿真

　　图 5.8(a)是双带功率放大器在 0.9 GHz 输出效率、功率增益和输出功率随输入功率变化的仿真图,图 5.8(b)是双带功率放大器在 2.6 GHz 输出效率、功率增益和输出功率随输入功率变化的仿真图。从图中知道,当功率放大器工作在 0.9 GHz,其输入功率在 25~30 dBm 之间变化时,能取得 70%的输出效率,输出功率大于 40 dBm,但是功率增益从 20 dB 下降到 11 dB;当功率放大器工作在 2.6 GHz 输入功率在 25~30 dBm 之间变化时,能取得 80%的输出效率,输出功率大于 40 dBm,但是功率增益从 20 dB 下降到 12 dB。

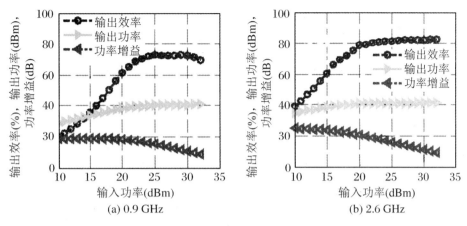

图 5.8 双带功率放大器仿真图

5.3 双带功率放大器的制作与测试

按照前面介绍的设计思想制作并测试双带功率放大器,图 5.9 为制作的实物图片和该双带功率放大器的漏极效率、功率增益和输出功率随频率变化的测试结果图。实物的制板面积仅 (4.5×4.2) cm², 其是目前为止设计的比较小型化的双带功率放大器。在测试时,功率放大管的栅极电压和漏极电压分别是 $V_{gate} = -3$ V, $V_{drain} = 28$ V, 输入的是连续射频波信号。测试结果表明,测试结果与仿真结果基本吻合, 在低频段 0.8 GHz~1 GHz(相对带宽为 22%)的功率增益、输出功率和漏极效率分别为 11.82~13.09 dB, 39.09~41.57 dBm 和 59.37%~66.63%; 在高频段 2.3 GHz~2.7 GHz(相对带宽为 16%)的功率增益、输出功率和漏极效率分别为 12.25~13.08 dB, 40.36~41.25 dBm 和 71.57%~80.18%。图 5.10(a)为在 0.85 GHz 和 0.9 GHz 时功率增益、输出功率和漏极效率随输入功率变化的测试结果。图 5.10(b)为在 2.55 GHz 和 2.6 GHz 时功率增益、输出功率和漏极效率随输入功率变化的测试结果。从测试结果可以看出,双带功率放大器的最佳设计的双频中心频率点有接近 50 MHz 的偏移,在低频段的功率输出效率有所下降,这些误差是由测量工具、制作工艺以及射频仿真最优化与实际的误差造成的。表 5.1 为本节所设计的双带功率放大器与其他文献[156,161-163]介绍的比较,可看出本节所设计的双带功率放大器的中心频点接近为 3 倍频程, 功率增益、输出功率和漏极效率的指标较好, 所设计的双带功率放大器尺寸较小。

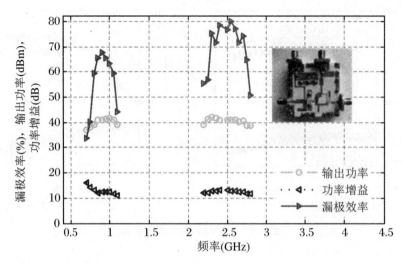

图 5.9 实物图片和双带功率放大器的漏极效率、功率增益和输出功率随频率变化的测试结果

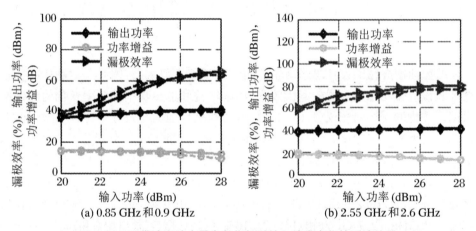

(a) 0.85 GHz 和 0.9 GHz

(b) 2.55 GHz 和 2.6 GHz

图 5.10 双带功率放大器参数指标随输入功率变化的测试结果

表 5.1 本节所设计的双带功率放大器与其他文献介绍的比较

文献	双带中心频率(GHz)	输出功率(dBm)	功率增益(dB)	制板面积(cm²)	漏极效率(%)
[156]	2.45/3.3	33/34.5	—	—	53/46
[161]	0.8/1.9	40.2/43	7/—	—	75/57
[162]	1.7/2.6	41/41	11/11	—	70/64
[163]	2.4/3.35	41.7/40.5	12.7/10.5	—	69.4/70.7
本节	0.9/2.6	41/41	11/12	4.5×4.2	66/80

本 章 小 结

本章采用 T 形枝节多模谐振单元滤波器的设计思想，基于并行 T 形枝节匹配网络设计双带功率放大器，首先采用等电长度枝节和假定 T 形枝节中两枝节等特征阻抗比的方法，应用 MATLAB 软件求解匹配网络的各个枝节的初始值；再仿真优化获得匹配枝节的相对最佳值，成功地设计了 0.9 GHz/2.6 GHz 的双带功率放大器。所涉及的功率放大器的输出效率、功率增益和输出功率具有类似滤波器的特性曲线，且其具有良好的通带特性和阻带特性，设计的双带功率放大器尺寸较小，制板面积仅为 (4.5×4.2) cm^2。

第6章 微带滤波器设计总结与展望

6.1 工作总结

第1部分研究的主要内容如下:

(1) 多带微带滤波器的研究与设计,是以广义切比雪夫滤波器函数综合、网络耦合矩阵综合为理论基础。广义切比雪夫滤波器具有良好的带内平坦特性和陡峭的边沿特性,并且滤波器传输零点的位置可以被灵活控制和精确设计。本部分在广义切比雪夫滤波器低通模型的基础上,通过频率转换公式,从已知低通模型的传输零点和反射零点,得到所要设计的多带的传输零点和反射零点;应用广义切比雪夫滤波器函数综合理论得到多带广义切比雪夫滤波器函数综合多项式,再根据多项式与网络散射 S 参数的关系,得到滤波器的 S 参数响应曲线。选定相应的拓扑结构,应用网络耦合矩阵综合理论,由短路导纳参数与多项式系数的关系得到耦合矩阵,再利用耦合系数的特性设计相应的电路结构。多带特性的滤波器的设计要点有两个:一是设计的滤波器拓扑结构要具有多模多带谐振特性;二是多带之间要有良好的隔离性和通带选择性,要通过电磁耦合、源-负载耦合、电磁混合交叉耦合等方式在滤波器的通带引入传输零点。本部分成功地设计了三带和四带微带滤波器。

(2) 本部分还对宽阻带滤波器和超宽带滤波器进行了研究与设计。为了使所设计的滤波器为宽阻带型,达到谐波抑制和滤除干扰信号的目的,采用改进的 $\lambda/4$ 三阶阶跃阻抗器,用闭型方环代替传统的低阻抗枝节;采用双层结构设计,使高阻抗枝节嵌入到方环内部并对微带线进行折叠,使其结构紧凑,尺寸小型化;采用电磁交叉耦合和电磁混合耦合以及设置合理的馈电位置,使所设计的滤波器带外产生多个传输零点,从而得到良好的通带性能和阻带性能。超宽带滤波器要具有宽的通带性能,适宜的通带延时特性和良好的阻带抑制特性。但是这种滤波器的尺寸一般较大,不适合用于便携式终端产品。为了有效减小所设计滤波器的尺寸,本部分提出了基于多模谐振器多层设计技术,该技术应用电磁耦合技术在超宽带滤波器通带两侧引入传输零点,提高滤波器的选择性和带外阻带特性。

(3) 本部分把滤波器的设计思想应用到功率放大器匹配网络的设计中,研究设计了一款基于 GSM 和 LTE 系统应用的双带功率放大器,其双带频率分别是 0.9 GHz 和 2.6 GHz。使用并行 T 形开路枝节和 T 形短路枝节的阶跃阻抗谐振器设计功率放大器的输入和输出匹配网络,所设计的双带功率放大器的功率增益、输出效率和输出功率具有良好的通带特性和阻带特性,并且整个电路板尺寸很小。

第 1 部分研究的创新点和结论如下:

(1) 提出了基于广义切比雪夫滤波器函数的综合理论的四带滤波器频率变换的综合方法。详细地分析了广义切比雪夫滤波器函数综合理论、广义切比雪夫滤波器耦合矩阵综合方法以及双带、三带滤波器频率变换综合方法。结合具体的实例,给出了双带、三带、四带滤波器传输函数的仿真曲线。验证了理论和方法的正确性,总结了多带滤波器频率变换综合方法和步骤。

(2) 基于改进型 $\lambda/4$ 三模阶跃阻抗谐振器和电磁耦合技术设计了一款工作于 1.9 GHz/3.5 GHz/5.75 GHz 的三带滤波器。首先,对改进型 $\lambda/4$ 三模阶跃阻抗谐振器阻抗特性进行分析,$\lambda/4$ 三模阶跃阻抗谐振器由一个闭型方环和两个开路枝节构成,具有多频谐振特性;其次,合理选择输入输出馈电位置和枝节特征阻抗,合理布局容性耦合和感性耦合枝节长度,通过容性耦合和感性耦合技术在每个通带的两侧至少引入一对传输零点。测试结果表明,本研究成功设计了一款结构紧凑,选择性良好,通带隔离性良好的,具有六个传输零点小型化的微带滤波器。该滤波器三个通带 3 dB 的相对带宽分别为 6.1%/6.7%/7.8%,它的六个传输零点位置分别位于 1.65 GHz/2.64 GHz/3.06 GHz/3.95 GHz/5.40 GHz/6.16 GHz,滤波器的实物尺寸仅有 $0.04\lambda_g \times 0.07\lambda_g$,$\lambda_g$ 为第一通带中心频率处的导波波长。

(3) 基于阶跃阻抗谐振器和 T 形枝节加载阶跃阻抗谐振器的奇偶模谐振特性进行理论分析,对多带谐振中心频率与阶跃阻抗器的特征阻抗比值变化关系和枝节加载的电长度比值变化关系进行了定量的分析与描述。应用容性耦合和 0° 馈电技术,将一对 T 形枝节加载的阶跃阻抗谐振器折叠成开口谐振环并进行容性耦合级联,成功地设计了一款工作于 1.34 GHz/2.2 GHz/3.3 GHz/4.5 GHz 的四带滤波器,该滤波器四个通带的 3 dB 相对带宽分别为 5.22%、3.63%、4.29% 和 9.6%,具有 7 个传输零点,滤波器的实物尺寸仅有 $0.32\lambda_g \times 0.23\lambda_g$。通过改变枝节的特征阻抗比和电长度比,该四带滤波器的中心频率灵活可调,该设计采用电磁耦合和 0° 馈电技术引入多个传输零点,从而提高了滤波器的选择性和带外抑制能力。

(4) 基于改进的阶跃阻抗谐振器和交叉混合耦合技术设计了具有宽阻带特性的窄带带通滤波器和超宽带的微带滤波器。为了使设计的滤波器更加小型化,采用多层板平面微带线电路设计。窄带带通滤波器由双层板三阶阶跃阻抗谐振器组成,通过用闭型方环代替传统阶跃阻抗器的低阻抗枝节,将高阻抗枝节嵌入到闭型方环之中阶跃阻抗谐振器构成更加紧凑的结构。采用交叉混合耦合技术在通带两侧引入多个传输零点,提高了滤波器的选择性和宽阻带特性。该窄带滤波器的中心频率为 2.83 GHz,3 dB 相对带宽为 9.32%,通带两侧有 7 个传输零点,上边带宽阻带抑制特性在 20 dB 以上,阻带抑制特频率达到 10 GHz,滤波器的实物尺寸仅有 $0.11\lambda_g \times 0.08\lambda_g$。超宽带滤波器基于多层电路板技术,采用 T 形短路枝节阶跃阻抗谐振器和一对平行传输线形成多路径传输效应,在超宽带滤波器的两侧引入了 3 个传输零点,中心频率为 6 GHz,通带范围在 3.59 GHz~8.21 GHz,相对带宽为 74.8%。

(5) 提出将多带滤波器的设计思想引入到射频功率放大器的匹配网络设计之中,应用并行 T 形开路和短路枝节阶跃阻抗谐振器形成双带谐振效应。由于单管射频功率放大器 CGH40010F 的输入输出电阻是复阻抗,实现复阻抗到实阻抗,要在 T 形开路和短路枝节中增加阻抗匹配调整枝节。我们成功设计了 0.9 GHz/2.6 GHz 的双带功率放大器,该功率放大器的双频特性选择性能和带外抑制性能良好,结构紧凑,尺寸小,仅有 (4.5×4.2) cm^2。

6.2 工作展望

本部分研究了多带微带滤波器,宽阻带、超宽带滤波器以及双带功率放大器的设计技术和方法,在理论分析基础上提出了相应的电路设计方案。但本部分的研究内容仍然有许多值得深入探讨的问题。未来的工作应主要包含以下几方面:

(1) 在多带微带滤波器设计的方法中,将低通模型的滤波器通过频率转换后,变成多带微带滤波器,其中滤波器的传输零点和反射零点阶数在成倍的增加,滤波器设计由此变得非常复杂,如何舍弃和降低滤波器网络传输零点和反射零点的个数,同时又不会降低滤波器的设计性能,有待提出滤波器设计优化算法。本部分中没有给出具体研究,有待于今后的工作中开展。

(2) 多带频率转换从低通模型变为多带模型时,频率转换公式的初始系数、传输零点位置以及带内纹波系数对滤波器的设计性能有很大的影响,本部分在研究中没有做深入讨论。如何优化频率公式,合适选取频率转换后传输零点和反射零点位置并减少它们的个数,降低滤波器设计网络的阶数,减小滤波器设计的复杂度有待进一步研究。

(3) 本部分在多带滤波器的研究与设计中只是集中研究了三带和四带微带滤波器,提出了具体的设计思想和设计方法,但是两者实物设计的关联性不强。如何在多带滤波器设计中应用相同的拓扑结构单元去设计出双带、三带、四带,甚至五带的微带滤波器,在设计时只是增加或减少拓扑结构单元的个数、改变其相应的参数和选择合适的拓扑结构就能系统设计双带、三带、四带、五带微带滤波器,这将是下一步要展开的工作。

(4)多带滤波器谐振单元通常选取阶跃阻抗谐振器和枝节加载的阶跃阻抗谐振器。由于多带寄生效应阻带性能不够好,如何将多模阶跃阻抗谐振器和缺陷地结构有效结合,在保持多带的各个通带之间具有良好的选择性和通带隔离性的情况下,扩展多带的阻带特性,需要进一步探索。

(5)滤波器谐振单元经过适当的改进后成为改进型谐振单元,改进型谐振单元能够改善滤波器的性能和减小滤波器的体积,本部分中应用改进型的阶跃阻抗谐振器设计了三带和宽阻带滤波器。如何将枝节加载的阶跃阻抗谐振器和缺陷地结构、共面波导、基片集成波导技术有效结合,研究出性能更加优越的微带滤波器;如何将阶跃阻抗谐振器和多层电路板设计技术结合起来减小滤波器的设计尺寸;如何应用滤波器的耦合技术和设计方法来引入传输零点,这些方面都有待进一步研究。

(6)应用微带滤波器的设计思想来设计射频功率放大器的匹配网络,能够设计出性能优越的多带的射频功率放大器,使射频功率放大器具有多带滤波器特性,在通带内性能很好,通带外得到有效抑制,这些方面有待进一步研究。

第2部分
射频功率放大器研究与设计

第 7 章 射频功率放大器的设计

7.1 扩展型连续逆 F 类宽带功率放大器的设计

7.1.1 引言

在日常生活中,无线通信发挥着越来越重要的作用。未来的无线通信系统需要高数据传输速率,这给功率放大器(功放)的实现带来了很大的困难[165]。功放是放大传输信号的主要设备之一。提高效率和扩展带宽一直是功放设计人员追求的两个目标[173]。谐波控制和开关方式可以显著提高功放的效率[169-175]。高效宽带功放的研究对于丰富我们的日常生活非常有意义。得益于功放的连续工作模式,许多研究人员利用连续工作模式理论实现了高效宽带功放[169-176]。例如,X. Meng 设计了连续 J 类功率放大器。此宽带功放在 2 GHz~3 GHz 范围内工作,并拥有 58%~72% 的漏极效率。

最流行的连续工作模式是连续 J 类、F 类和逆 F 类。这些连续模式都经过了许多研究人员的充分研究和验证[171-178]。连续 J 类功放可以在较宽的带宽内实现与 B 类放大器相同的性能。连续 F 类工作模式在 2010 年被提出来。2012 年,N. Tuffy 设计了一款工作在 1.45 GHz~2.45 GHz 频带,输出功率大于 11 W,漏极效率大于 70% 的连续 F 类功放。连续逆 F 类工作模式与连续 F 类工作模式类似,也可用于实现高效宽带功放[175]。2016 年,一个工作在 1.35 GHz~2.5 GHz 的连续逆 F 类宽带功放被制造出来。在整个工作频带内该宽带功放饱和输出功率达到了 41.1~42.5 dBm,漏极效率为 68%~82%[176]。为了实现宽带功放,连续逆 F 类工作模式可以与连续 F 类工作模式或连续 J 类工作模式结合[177-178]。而连续逆 F 类功放的阻抗要求不同于连续 B/J 类和连续 F 类。

然而,连续 J 类、F 类和逆 F 类工作模式的基本阻抗或导纳实部是固定的。这三种连续工作模式的二次谐波阻抗或导纳的实部为零。实际上,完全满足这些连续模式功放的要求是极难的。因此,相继提出了扩展的连续 J 类、F 类和逆 F 类工作模式[179-181]。这些扩展的连续模式已经被成功地用于设计超宽带和多倍频程的高效功放[182-183]。

此外,在传统连续工作模式的基础上,混合连续模式(HCM)和混合逆连续模式(HICM)相继在 2014 年和 2016 年出现[184-185]。随后,扩展型混合连续和混合逆连续模式被研究并应用于宽带功放的设计[186-188]。2016 年,扩展型混合连续模式被成功应用于工作在 0.8 GHz~3.05 GHz 以及 1.2 GHz~3.6 GHz 的宽带功放中[186-187]。有研究对工作在 1.8 GHz~3.0 GHz 扩展型混合逆连续模式的宽带功放进行了研究[188],该功放的漏极效率为 65%~78%,输出功率为 12.9~21 W。

上述所有连续或逆连续模式均基于在漏极电压或电流波形中单独引入无功项。而本章中,连续逆 F 类工作模式是通过在漏极电压和电流波形中同时引入无功项进行扩展的。同时为了验证此方法是可行的,本章设计了一款工作在 1.2 GHz~4.0 GHz 的宽带功放。实验结果表明,设计的宽带功放在整个工作频段内的输出功率为 40.2~42.8 dBm,漏极效率为 50.7%~69%。

7.1.2 扩展型连续逆 F 类工作模式

图 7.1 为扩展型连续逆 F 类功放的简化结构。这种扩展的连续逆 F 类工作模式由漏极电压(v_{ds})和电流(i_{ds})波形定义。与之前的工作不同,本书在漏极电压和电流公式中分别引入了两个经验参数。基于修正的电压和电流公式,可以得到扩展之后连续逆 F 类的基波(Z_1)和谐波(Z_n)阻抗空间。与诸多文献一样,在本工作中,只考虑了前三个谐波分量。

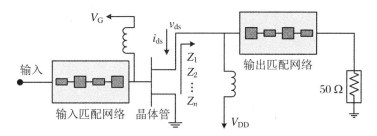

图 7.1 扩展型连续逆 F 类功放的简化结构

7.1.2.1 电压和电流波形

根据传统连续逆 F 类的漏极电压公式,扩展的连续逆 F 类的漏极电压公式可以表示为

$$v_{ds} = V_{DD}\left(1 - \sqrt{2}\cos\theta + \frac{1}{2}\cos 2\theta\right)(1 - \gamma_1 \sin\theta) \qquad (7.1)$$

其中第一个括号里的式子表示传统连续逆 F 类的漏极电压[165-166],第二个括号里的式子是引入的无功项。式(7.1)中,γ_1 为经验参数,V_{DD} 为功放的漏极偏置电压。$\theta = \omega \cdot t$,其中 ω 和 t 分别是角频率和时间[9-12]。为了保持 $v_{ds} \geqslant 0$,γ_1 应满足 $-1 \leqslant \gamma_1 \leqslant 1$。

图 7.2(见彩图 10)说明了 γ_1 与扩展型连续逆 F 类工作模式的归一化漏极电压波形(归一化为 V_{DD})。图 7.2 中的品红色实线($\gamma_1 = 0$)是传统连续逆 F 类的漏极电压波形。而图 7.2 中的彩色区域是扩展型连续逆 F 类的漏极电压空间。显然,引入$(1 - \gamma_1 \sin\theta)$后,连续逆 F 类功放的漏极电压可以获得更大的变化空间。

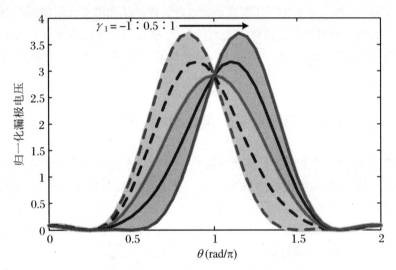

图 7.2 扩展型连续逆 F 类工作模式的归一化漏极电压波形

基于式(7.1),直流电压(V_0),基波电压(V_1),n 次谐波电压(V_n)以及漏极电压为

$$V_0 = V_{DD} \qquad (7.2)$$

$$V_1 = -V_{DD}\left(\sqrt{2},\cos\theta + \frac{3\gamma_1}{4}\sin\theta\right) \qquad (7.3)$$

$$V_2 = V_{DD}\left(\frac{1}{2},\cos 2\theta + \frac{\gamma_1}{\sqrt{2}}\sin 2\theta\right) \qquad (7.4)$$

$$V_3 = -V_{DD}\frac{\gamma_1}{4}\sin 3\theta \qquad (7.5)$$

考虑前三个谐波分量,扩展型连续逆 F 类的电流波形可以表示为

$$i_{ds} = \frac{I_{max}}{2}(1 + \alpha\cos\theta - \beta\cos 3\theta)(1 - \gamma_2 \sin\theta) \qquad (7.6)$$

其中 I_{max} 是所用晶体管的最大电流。和 γ_1 一样，γ_2 也是一个经验参数，应满足 $-1 \leqslant \gamma_2 \leqslant 1$。在式(7.6)中，$\alpha$ 和 β 是两个经验参数[186]，第二个括号里的式子是引入的无功项。为了保持电流大于零，α 和 β 应该满足以下关系[184,186]：

$$\alpha - \beta = 1, \alpha \leqslant \frac{9}{8}, \quad \frac{2}{3}(\alpha + 3\beta)\sqrt{\frac{\alpha + 3\beta}{12\beta}} = 1, \frac{9}{8} < \alpha \leqslant \frac{2}{\sqrt{3}} \quad (7.7)$$

由式(7.6)知，直流(I_0)、基波(I_1)和第 n 次谐波(I_n)电流分量为

$$I_0 = \frac{I_{max}}{2} \quad (7.8)$$

$$I_1 = \frac{I_{max}}{2}(\alpha \cos\theta - \gamma_2 \sin\theta) \quad (7.9)$$

$$I_2 = -\frac{I_{max}}{2}\frac{(\alpha + \beta)\gamma_2}{2}\sin 2\theta \quad (7.10)$$

$$I_3 = -\frac{I_{max}}{2}\beta\cos 3\theta \quad (7.11)$$

图 7.3 描绘了扩展型连续逆 F 类工作模式的归一化漏极电流波形(归一化为 I_{max})。在图 7.3(a)～(c)中，α 分别等于 $2/\sqrt{3}$、$9/8$ 和 $19/18$。该图表明电流波形的振幅随着 α 的减小而减小。此外，随着 γ_2 从 -1 变为 1，扩展型连续逆 F 类的电流波形形成了较大的变化空间。

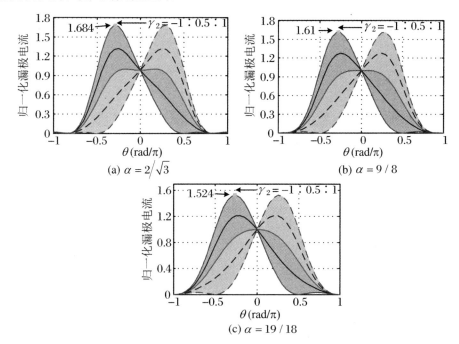

图 7.3 扩展型连续逆 F 类工作模式的归一化漏极电流波形

7.1.2.2 阻抗空间

在定义了电压和电流波形后,扩展型连续逆 F 类的谐波阻抗可以使用 $Z_n = -V_n/I_n$ 得到[179],其中 Z_n 是第 n 次谐波阻抗。结合式(7.3)~式(7.5)和式(7.9)~式(7.11),可得扩展型连续逆 F 类的前三个谐波阻抗为

$$Z_1 = \frac{\sqrt{2} + j\frac{3\gamma_1}{4}}{\alpha - j\gamma_2} R_{\text{opt}} \tag{7.12}$$

$$Z_2 = \frac{\frac{1}{2} + j\frac{\gamma_1}{\sqrt{2}}}{j\frac{\alpha + \beta}{2}\gamma_2} R_{\text{opt}} \tag{7.13}$$

$$Z_3 = -\frac{j\gamma_1}{4\beta} R_{\text{opt}} \tag{7.14}$$

其中 R_{opt} 是 B 类偏置功放的最佳阻抗[19-25]。R_{opt} 可以定义为[23]

$$R_{\text{opt}} = \frac{2V_{\text{DD}}}{I_{\text{max}}} \tag{7.15}$$

式(7.12)和式(7.13)表明 Z_1 和 Z_2 的实部与 γ_1 和 γ_2 有关。Z_1 和 Z_2 的实部为

$$\text{Re}(Z_1) = \frac{4\sqrt{2}\alpha - 3\gamma_1\gamma_2}{4(\alpha^2 + \gamma_2^2)} \tag{7.16}$$

$$\text{Re}(Z_2) = \frac{\sqrt{2}\gamma_1}{(\alpha + \beta)\gamma_2} \tag{7.17}$$

若要保持 Z_1 和 Z_2 的实部为正,则应满足以下关系:

$$\gamma_1\gamma_2 \geqslant 0 \tag{7.18}$$

$$\gamma_1\gamma_2 \leqslant \frac{4\sqrt{2}}{3}\alpha 	ag{7.19}$$

图 7.4(a)和(b)在史密斯圆图上示出了扩展型连续逆 F 类的前三次谐波阻抗。这些史密斯圆图的参考阻抗是 R_{opt}。与传统的连续逆 F 类不同,扩展型连续逆 F 类的第三个谐波阻抗不再位于短路点,而是位于史密斯圆图的边缘。此外,随着 α 的变化,$-1 \leqslant \gamma_1 \leqslant 1$ 和 $-1 \leqslant \gamma_2 \leqslant 1$ 时,扩展型连续逆 F 类产生了大量的二次和三次谐波阻抗空间。这些扩大的谐波阻抗空间使宽带功放的实现更容易。

7.1.2.3 漏极效率响应

基波和谐波阻抗空间的扩大必然导致扩展型连续逆 F 类的漏极效率发生变化。由式(7.3)和式(7.9),扩展型连续逆 F 类的基本输出功率可以表示为

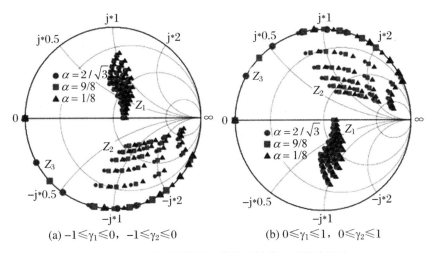

图 7.4 扩展型连续逆 F 类模式的前三次谐波阻抗

$$P_1 = \frac{1}{4} V_{DD} I_{max} \left(\sqrt{2}\alpha - \frac{3}{4} \gamma_1 \gamma_2 \right) \quad (7.20)$$

结合式(7.2)、式(7.8)和式(7.20),扩展型连续逆 F 类的漏极效率为

$$\eta = \frac{1}{2} \left(\sqrt{2}\alpha - \frac{3}{4} \gamma_1 \gamma_2 \right) \quad (7.21)$$

式(7.20)和式(7.21)表明扩展型连续逆 F 类的输出功率与漏极效率在 $-1 \leqslant \gamma_1 \leqslant 1$ 和 $-1 \leqslant \gamma_2 \leqslant 1$ 时具有相同的变化趋势。因此,本部分仅分析漏极效率的变化。

图 7.5 描绘了扩展型连续逆 F 类工作模式的理论漏极效率与 γ_1 和 γ_2 的关系。当 $\alpha = 2/\sqrt{3}$ 且 $\gamma_1 \gamma_2 = 0$ 时,理论漏极效率最大值达到 81.65%。扩展型连续逆 F 类的理论漏极效率随着 α 的减小而减小。此外,扩展型连续逆 F 类的理论漏极效率也随着 $\gamma_1 \gamma_2$ 的增大而减小。

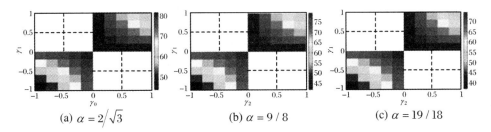

图 7.5 扩展的连续逆 F 工作模式的理论漏极效率与 γ_1 和 γ_2 的关系

7.1.3 宽带功放的设计和仿真

本节将详述一款 1.2 GHz～4.0 GHz 的扩展型连续逆 F 类宽带功放。所设计的宽带功放基板为罗杰斯 RO4350B，厚度为 20 mil。在本设计中，使用了 Wolfspeed 公司的 CGH40010F 晶体管，栅极电压和漏极电压分别为 −2.9 V 和 28 V，最佳阻抗 R_{opt} 设置为 30 Ω。设计的宽带功放的整体示意图以及所用元件的尺寸如图 7.6 所示。

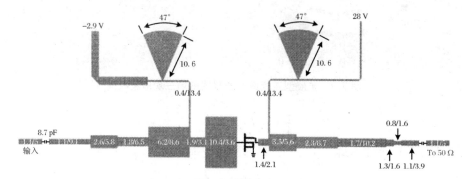

图 7.6　设计的宽带功放的整体示意图

在此设计中，目标漏极效率大于 60%。图 7.9 显示了漏极效率大于 60% 的基波和谐波阻抗区域。本书中使用的晶体管具有封装参数，因此在推导内部负载阻抗时，应采用去嵌入法[186-188]。

所设计的宽带功放在内部平面的负载阻抗轨迹如图 7.7 所示，电流源平面的基波负载阻抗（在 1.2 GHz～4.0 GHz）位于所需区域。由于工作带宽横跨一个倍频程，二次和三次谐波阻抗的失配是必然的。

基于去嵌入方法，设计的功放在 1.3 GHz、2.6 GHz 和 4.0 GHz 的漏极电压和电流波形如图 7.8 所示。这些近似交错的波形验证了设计的宽带功放可以高效工作。

最后，设计的宽带功放的漏极效率、输出功率和增益与频率的关系如图 7.9 所示。图中方形线表示漏极效率在 1.2 GHz～4.0 GHz 上为 61.2%～67.7%。虚线显示设计的宽带功放可提供 40.2～42.2 dBm 的输出功率。此外，图 7.9 还表明，设计的宽带功放增益为 11.2～13.2 dB。

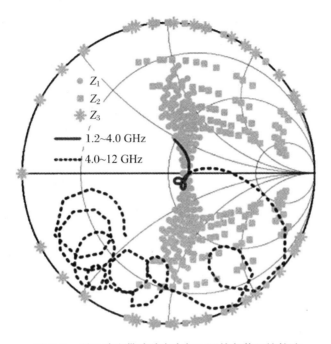

图 7.7 所设计宽带功放在内部平面的负载阻抗轨迹

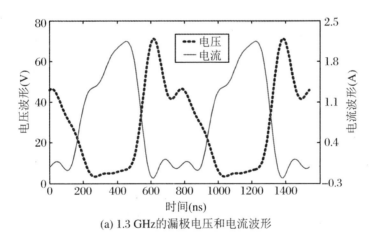

(a) 1.3 GHz的漏极电压和电流波形

图 7.8 所设计的功放在一些工作频率的漏极电压和电流波形

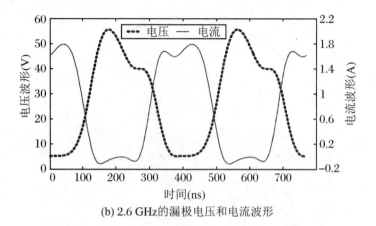

(b) 2.6 GHz的漏极电压和电流波形

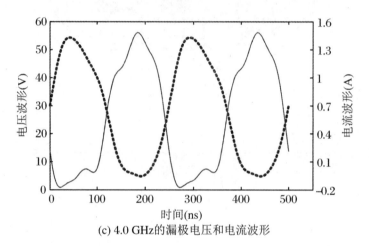

(c) 4.0 GHz的漏极电压和电流波形

图 7.8 所设计的功率放大器在一些工作频率的漏极电压和电流波形(续)

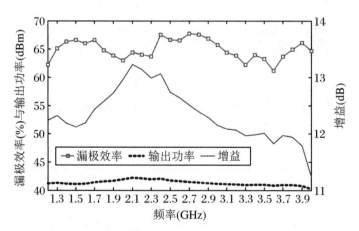

图 7.9 设计的宽带功放在整个工作频带上的仿真结果

7.1.4 实验结果

制作的宽带功放照片如图 7.10 所示。在测试宽带功放时,静态电流调整到 40 mA。首先,采用连续波进行功放测试,测试结果如图 7.11 所示。图中方格线表示设计的宽带功放的漏极效率在整个工作频带上为 50.7%～69%。虚线显示宽带功放可提供 40.2～42.8 dBm 的输出功率。此外,制作的宽带功放的增益在 9.6 dB 至 12.3 dB 之间。

图 7.10 制作的宽带功放照片

在连续波激励下,宽带功放的测试结果如表 7.1 所示。此外,表 7.1 还将本工作与其他先进的功放进行了比较。

为了评估制造的宽带功放的线性度,使用 20 MHz 宽带 LTE 信号来激励制作的宽带功放。调制信号的峰均比为 7 dB。图 7.12 描绘了宽带功放在较低和较高频段的相邻信道泄漏比(ACLR)。在整个工作频段内,平均输出功率保持在 34 dBm。图 7.12 显示,在高频段测得的邻信道泄漏比在 −27.8～−35.9 dBc 之间,在低频段相邻信道泄漏比在 −27.2～−35.6 dBc 之间。

表 7.1 本工作与其他先进功放的比较

参考文献	频率(GHz)	宽带(%)	输出功率(dBm)	增益(dB)	漏极效率(%)
[19],2018	0.5～2.3	128	39.2～41.2	11.7～25.3	60～81
[20],2017	0.2～2.5	170	43.7～46.9	11.7～14.2	55.5～70.3
[23],2016	0.8～3.05	117	40～43.2	9.8～13.2	57.4～79.1
[24],2018	1.2～3.6	100	40～42.2	10.5～12.5	60～72
[25],2017	1.8～3.0	50	41.1～43.2	10～13.3	65～78
本工作	1.2～4.0	107	40.2～42.8	9.6～12.3	50.7～69

7.1.5 总结

本节扩展了连续逆 F 类功放的阻抗空间。传统的方法为了扩展阻抗空间,在连续逆 F 类功率放大器的电流波形中引入了一个无功项。本书的工作是把两个无功项分别引入到电流和电压公式中。所提出的方法为设计的连续逆 F 类宽带功放带来了更大的阻抗空间。为了验证所提出的理论的正确性,本节设计和制造了一款工作在 1.2 GHz~4.0 GHz 的宽带功放。实验结果表明,所制造的宽带功放输出功率为 40.2~42.8 dBm,漏极效率为 50.7%~69%。

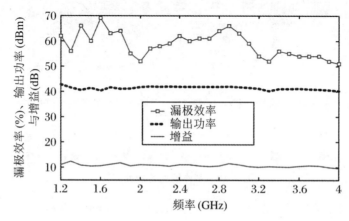

图 7.11 制作的宽带功放在连续波信号激励下的测量结果

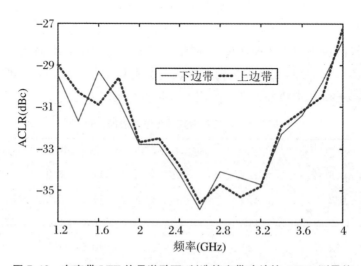

图 7.12 在宽带 LTE 信号激励下,制造的宽带功放的 ACLR 测量值

7.2 广义混合连续模式宽带功率放大器的设计

7.2.1 引言

万物互联的世界离不开高速的信息传输。在日常生活中,无线通信扮演着越来越重要的角色,它不断丰富着我们的生活[189]。在通信系统中,如何高效地放大传输信号一直是一个困难而又迫切的问题。功放是放大传输信号的主要器件之一。因此,对功放的研究吸引了来自世界各地的相关研究人员[190-195]。通信业的发展对功放提出了许多新的要求。这些要求包括带宽、效率、动态范围、线性度等方面。因此,高效宽带功放的研究对于丰富我们的日常生活具有重要意义。

连续工作模式被认为是设计高效宽带功放有效的理论之一[192]。连续 B/J 类工作模式由 P. Wright 于 2009 年提出,其对工作在 1.4 GHz~2.6 GHz 的功放进行了验证[193]。从理论上讲,连续 B/J 类宽带功放可以在较宽的带宽内达到与 B 类放大器相同的性能,由 S. A. Mohadeskasaei 和 X. Meng 设计的连续 B/J 类功放展现出很好的性能[194-196]。理论上,连续 B/J 类功放的基波阻抗的实部是固定的,二次谐波阻抗的实部是 0;但在实际工作中,满足连续 B/J 类功放的严格要求是一项艰巨的工作。2015 年,德国的 C. Friesicke 提出了一种扩展的连续 B/J 类模式,即电阻电抗性连续 B/J 类功放[197],这一模式丰富了阻抗解空间,简化了宽带功放的设计。

与连续 B/J 类工作模式类似,连续 F 类工作模式也可以应用于宽带功放的实现[198]。2012 年,N. Tuffy 设计的连续 F 类功放在 1.45 GHz~2.45 GHz 范围内获得了大于 70%的漏极效率和大于 11 W 的输出功率。此外,由于连续逆 F 类功放的阻抗要求不同于连续 B/J 类和连续 F 类,连续逆 F 类工作模式可以在一个射频电路中同时实现连续 F 类工作模式[199]。为了简化设计过程,有研究者提出了具有电阻性二次谐波阻抗的连续 F 类工作模式,并将其应用于宽带功放。

在传统连续工作模式的基础上,混合连续工作模式于 2014 年被提出[203],其包括连续 B/J 类、连续 F 类等一系列连续类工作模式。2016 年,扩展的混合连续模式在 0.8 GHz~3.05 GHz 工作带宽下得到实现[204]。2018 年,C. Huang 通过引入相移参数进一步扩展了混合连续模式的阻抗解空间[205]。

以上所有连续工作模式均基于 B 类偏置功放。事实上,AB 类是功放最有用的偏置条件。因此,T. Sharma 提出了广义连续 F 类工作模式[206]。广义连续 F 类功放偏压高于夹断点,本节通过这一理论来推广混合连续模式。增大导通角,得到了广义混合连续模式的相移基波阻抗空间。为验证这一理论的正确性,本工作设计了一款工作在 1.6 GHz～3.0 GHz 的宽带功放。实验结果表明,所设计的宽带功放可以在其要求的工作频段内提供 40.3～42.5 dBm 的输出功率,同时,漏极效率达到了 64.3%～74.4%。

本节的剩余部分安排如下:7.2.2 小节分析了广义混合连续模式,7.2.3 小节介绍了广义混合连续模式的宽带功放的设计和仿真,7.2.4 小节对实验结果进行了分析,最后,7.2.5 小节对本工作进行了总结。

7.2.2 广义混合连续工作模式

理论上,所有连续工作模式都是从确定的漏极电压(v_{ds})和电流(i_{ds})波形得出的。根据确定的漏极电压和电流波形,计算电流源端面的基波(Z_1)和谐波(Z_n)阻抗。图 7.13 显示了连续工作模式功放的简化结构。通常,假设所有连续工作模式的功放都是工作在 B 类偏置条件下,从而导致半正弦电流波形产生,所以混合连续模式功放具有相同的假设。然而,AB 类偏置条件始终适用于功放[18]。因此,对工作在 AB 类偏置条件下的功放的研究具有重要意义。下面通过将功放偏压设置到夹断点以上来概述混合连续模式理论。

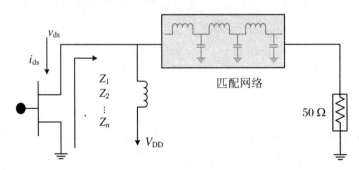

图 7.13 连续工作模式功放的简化结构

7.2.2.1 电流和电压波形

当功放偏压高于夹断点时,其漏极电流的导通角大于 180°。假设导通角为 θ_0,广义混合连续模式功放在一个周期内的漏极电流波形可以描述为式(7.22),即

$$i_{ds\_GH} = \begin{cases} I_{max} \dfrac{\cos\theta - \cos(\theta_0/2)}{1 - \cos(\theta_0/2)}, & -\theta_0/2 \leqslant \theta \leqslant \theta_0/2 \\ 0, & \text{其他} \end{cases} \quad (7.22)$$

其中 $\theta = \omega t$,I_{max} 是所用晶体管能承受的最大电流。

通过傅里叶展开,广义混合连续模式功放的漏极电流波形可以表示为

$$i_{ds\_GH} = I_{\max}\left[I_0 + \sum_{n=1}^{\infty} I_n \cos(n\theta) \right] \quad (7.23)$$

其中 I_0 是直流分量的系数,I_n 是第 n 次谐波分量的系数。经过一系列积分计算,可以得出漏极电流的直流、基波和 n 次谐波分量分别为

$$I_0 = \frac{\sin(\theta_0/2) - \theta_0/2 \cdot \cos(\theta_0/2)}{\pi[1 - \cos(\theta_0/2)]} \quad (7.24)$$

$$I_1 = \frac{\theta_0/2 - \sin(\theta_0/2)\cos(\theta_0/2)}{\pi[1 - \cos(\theta_0/2)]} \quad (7.25)$$

$$I_n = \frac{2}{\pi} \frac{\sin(n\theta_0/2)\cos(\theta_0/2) - n\sin(\theta_0/2)\cos(n\theta_0/2)}{n(n^2-1)[1 - \cos(\theta_0/2)]} \quad (7.26)$$

图 7.14(a) 描绘了广义混合连续模式功放在晶体管内部平面的漏极电流波形(归一化为 $I_{\max}$)。在图 7.14(a) 中,三个不同的线分别表示导通角 $\theta_0 = 180°$,$\theta_0 = 200°$ 和 $\theta_0 = 240°$,不同导通角导致不同的谐波分量,如式 (7.24)~(7.26) 所示,因此,谐波阻抗受导通角影响。

广义混合连续模式的漏极电压与混合连续模式相同,可以表示为

$$v_{ds\_H} = V_{DD}[1 - \alpha\cos\theta + \beta\cos(3\theta)](1 - \gamma \cdot \sin\theta), \quad -1 \leqslant \gamma \leqslant 1 \quad (7.27)$$

为了防止漏极电压过零,α 和 β 应满足如下关系式:

$$\begin{cases} \alpha - \beta = 1, & 1 \leqslant \alpha \leqslant \dfrac{9}{8} \\ \dfrac{2}{3}(\alpha + 3\beta)\sqrt{\dfrac{\alpha + 3\beta}{12\beta}} = 1, & \dfrac{9}{8} < \alpha \leqslant \dfrac{2}{3} \end{cases} \quad (7.28)$$

图 7.14(b) 显示了广义混合连续模式功放在晶体管内部平面的漏极电压波形(归一化为 V_{DD}),其中虚线对应于连续 B/J 类模式,实线表示最大平坦连续 F 类模式($\alpha = 9/8$,$\beta = 1/8$)[222],三角形线是连续 F 类模式的漏极电压。

7.2.2.2 阻抗解空间

一般理论验证时大多考虑前三次谐波[217-224],因此,在本文工作中只考虑前三次谐波。根据式 (7.27),漏极电压的直流和前三次谐波分量为

$$V_0 = 1 \quad (7.29)$$

$$V_1 = -\alpha\cos\theta - \gamma\sin\theta \quad (7.30)$$

$$V_2 = \frac{\alpha + \beta}{2}\gamma\sin(2\theta) \quad (7.31)$$

$$V_3 = \beta\cos(3\theta) \quad (7.32)$$

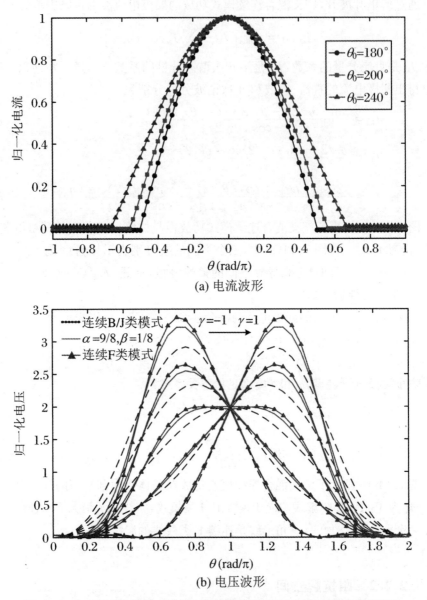

(a) 电流波形

(b) 电压波形

图7.14 广义混合连续模式功放在晶体管内部平面的漏极电流和电压波形

广义混合连续模式的谐波阻抗解可以利用 $Z_{\text{GH}n} = -V_m/I_n$ 推导。然后,结合式(7.25)、式(7.26)与式(7.30)~式(7.32),广义混合连续模式的前三次谐波阻抗为

$$Z_{\text{GH1}} = \frac{\alpha + \text{j}\gamma}{2I_1} R_{\text{opt}} \qquad (7.33)$$

$$Z_{\text{GH2}} = -\frac{\text{j}(\alpha+\beta)\gamma}{2I_2}R_{\text{opt}} \tag{7.34}$$

$$Z_{\text{GH3}} = -\frac{\beta}{2I_3}R_{\text{opt}} \tag{7.35}$$

图 7.15 呈现了史密斯圆图上的前三次谐波阻抗。其中史密斯圆图的参考阻抗 R_{opt} 定义为

$$R_{\text{opt}} = \frac{2(V_{\text{DD}} - V_{\text{knee}})}{I_{\max}} \tag{7.36}$$

其中 V_{knee} 是所用晶体管的拐点电压。

图 7.15 的导通角分别为 $\theta_0 = 180°$，$\theta_0 = 200°$ 和 $\theta_0 = 240°$。当 $\theta_0 = 180°$ 时，广义混合连续模式的阻抗解空间与混合连续模式相同。随着导通角的增大，产生了偏移的基波阻抗空间，如图 7.15(b) 和 (c) 所示。此外，广义混合连续模式的二次谐波阻抗解空间随着导通角的增大而扩大，并且广义混合连续模式的三次谐波阻抗空间除连续 J 类模式外都移到了史密斯圆图中。

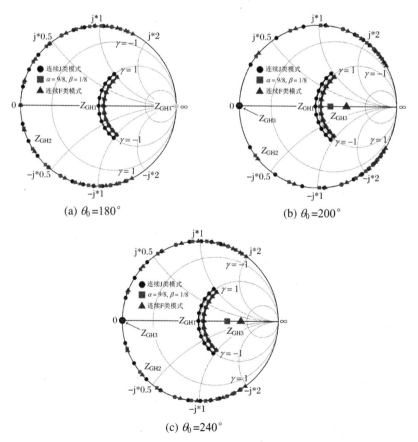

图 7.15 广义混合连续模式的前三次谐波阻抗

7.2.2.3 输出功率和漏极效率

当导通角不再是 180°时,广义混合连续模式的输出功率和漏极效率一定会变化,此时输出功率和漏极效率可以分别表示为

$$P_{GH} = 2V_{DD}I_{max}\text{Re}(V_1 I_1^*) \tag{7.37}$$

$$DE_{GH} = \frac{\text{Re}(V_1 I_1^*)}{2V_0 I_0} \times 100\% \tag{7.38}$$

其中 * 表示共轭。将式(7.24)、式(7.25)、式(7.29)和式(7.30)代入式(7.37)和式(7.38)中,可以计算出广义混合连续模式的输出功率和漏极效率。毫无疑问,广义混合连续模式的输出功率和漏极效率都与导通角有关。

广义混合连续模式的归一化输出功率(归一化为传统的连续 F 类模式)如图 7.16 所示。广义混合连续模式的归一化输出功率位于图中的灰色区域内。当导通角约为 240°时,广义混合连续模式达到最大输出功率。例如,当 $\theta_0 = 240°$时,连续 F 类功放获得 1.073 的归一化输出功率。

图 7.17 显示了广义混合连续模式的漏极效率与导通角的关系。广义混合连续模式的漏极效率位于灰色区域内。而导通角从 180°变为 360°(A 类偏置条件)时,广义混合连续模式的漏极效率随着导通角的增加而减小,如图 7.17 所示,其中连续 F 类功放的漏极效率从 90.7%变为 57.7%。

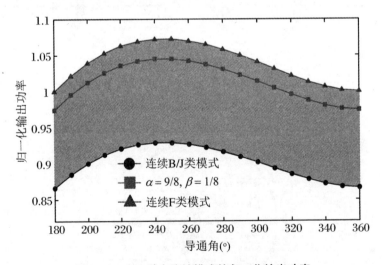

图 7.16 广义混合连续模式的归一化输出功率

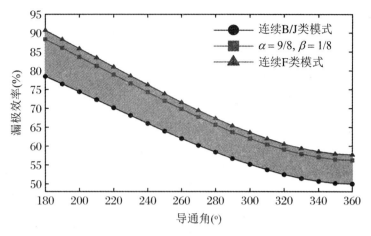

图 7.17 广义混合连续模式的漏极效率与导通角的关系

7.2.3 宽带功率放大器的设计与仿真

在本节中,实现并模拟了一个工作在 1.6~3.0 GHz 的宽带功放。在整个模拟过程中,基板是厚度为 20 mil 的罗杰斯 RO4350B。在本设计中,使用了 Wolfspeed 的 CGH40010F 晶体管。R_{opt} 设置为 36 Ω。栅极和漏极电压分别为 -2.9 V 和 28 V。这种偏置条件下的静态电流为 115 mA。

所设计的宽带功放的整体示意图以及所用元件的尺寸如图 7.18 所示。所用晶体管由制造商封装,因此,为了推导所用晶体管平面上负载阻抗,应使用去嵌入方法[222-224]。所设计的宽带功放在晶体管平面的负载阻抗如图 7.19 的史密斯圆图所示,其中史密斯圆图的参考阻抗为 36 Ω。显然,晶体管平面上的基本负载阻抗(1.6~3.0 GHz)位于史密斯圆图的中心附近。同时,二次谐波负载阻抗不完全匹配。

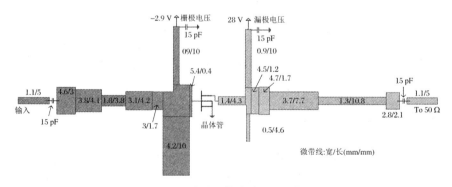

图 7.18 设计的宽带功放的整体示意图

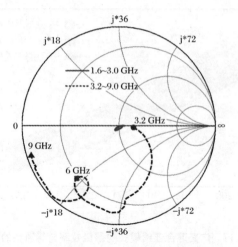

图 7.19 设计的宽带功放在晶体管平面的负载阻抗

最后,设计的宽带功放的漏极效率、输出功率和增益与工作频率的关系如图 7.20 所示。图 7.20 中的方形线表示设计宽带功放在 1.6 GHz~3.0 GHz 上的模拟漏极效率达到了 66.8%~73.9%;而点线和三角形线表明,设计的宽带功放在整个工作频段内实现了 40.5~42.4 dBm 的输出功率和 12.5~14.4 dB 的增益。

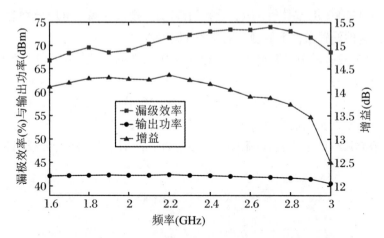

图 7.20 所设计的宽带功放在整个工作频段的仿真结果

7.2.4 实验结果

制作的宽带功放的照片如图 7.21(a)所示。在测试制作的功放时,静态电流被调谐到 115 mA。在连续波信号的激励下,所制作的功放测试结果如图 7.21(b)所示。图 7.21(b)中的方形线表示设计的宽带功放在 1.6 GHz~3.0 GHz 范围内测量的漏极效率为 64.3%~74.4%。同时，所设计的宽带功放在整个工作频带上提供 40.3~42.5 dBm 的输出功率和 10.3~13.8 dB 的增益。

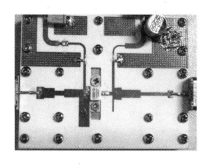

(a) 制造的宽带功放的照片

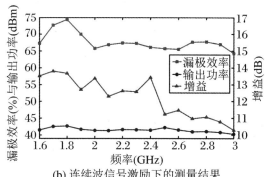

(b) 连续波信号激励下的测量结果

图 7.21 制造的宽带功放及其测量结果

表 7.2 列出了制造的宽带功放的所有测量结果，此外，表 7.2 还将本工作的结果与其他类似的现有技术进行了比较。

表 7.2 本工作的结果与其他类似的现有技术的比较

参考文献，年份	频率(GHz)	相对带宽(%)	输出功率(dBm)	增益(dB)	漏极效率(%)
[7],2017	1.6~2.6	47	>38	>15	>60*
[8],2017	2.0~3.0	40	—	11.5~12.5	58~72
[12],2018	0.5~2.3	128.5	39.2~41.2	11.7~25.3	60~81
[14],2017	0.2~2.5	170	43.7~46.9	11.7~14.2	55.5~70.3
[16],2016	0.8~3.05	117	40~43.2	9.8~13.2	57.4~79.1
[17],2018	1.2~3.6	100	40~42.2	10.5~12.5	60~72
本工作	1.6~3.0	60.9	40.3~42.5	10.3~13.8	64.3~74.4

为了评估制造的宽带功放的线性度，采用 20 MHz LTE 信号来激励宽带功放。信号的峰均功率比(PAPR)为 7 dB。图 7.22 描绘了制造的宽带功放在高、低频段测量的相邻信道泄漏比。在整个工作频段内，平均输出功率保持在 34 dBm。如图 7.22 所示，在高频段测得的 ACLR 从 −30.5 dBc 变为 −37.8 dBc。低频段测得的 ACLR 从 −29.4 dBc 变为 −34.2 dBc。

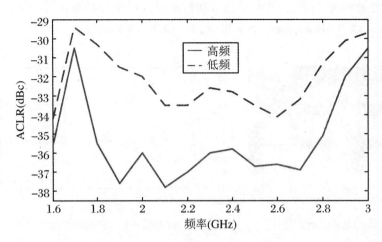

图 7.22 在宽带 LTE 信号激励下制造的宽带功放的相邻信道泄漏比测量值

7.2.5 总结

本节对宽带功放的混合连续模式进行了扩展。与 B 类偏置混合连续模式功放不同,广义混合连续模式功放偏压高于夹断点。因此,广义混合连续模式具有随着导通角的增大而移动的基波阻抗空间。作为理论验证的原型,所设计的宽带功放工作在 1.6 GHz～3.0 GHz 的频段。实验结果表明,设计的宽带功放提供了 40.3～42.5 dBm 的输出功率,漏极效率为 64.3%～74.4%,增益为 10.3～13.8 dB。

7.3 基于普适性合成网络的连续类 Doherty 功率放大器

7.3.1 引言

过去几年通信行业最热门的话题是什么?答案无疑是下一代无线通信[208-211],其主要特点是数据传输速率高、容量大、能量转换效率高、传输信号复杂[208-211]。这些特性要求功放具备优异的带宽和回退效率性能[211]。作为通信系统中的候选者,宽带 Doherty 功放由于其在基站中的主导性优势而受到了广泛的关注[211-213]。

在过去几年中,出现了许多先进的技术来设计宽带 Doherty 功放[214-218]。阻抗逆变器是实现有源负载调制的必要元件[212],但阻抗逆变器同时也被认为是限制 Doherty 功放带宽的主要因素[214-219],因此 Doherty 功放的工作带宽可以通过降低阻抗逆变器的阻抗比来扩展。文献[219]中,其作者采用改进阻抗比的逆变器,实现了一款工作于 1.5 GHz~2.4 GHz 的 Doherty 功放。

使用新型合成网络设计 Doherty 功放是另一种扩展带宽的重要方法[214,220-222]。文献[7]中,其作者消除了传统 Doherty 功放中所需的两个 λ/4 阻抗逆变器,以释放带宽限制。文献[220]中,其作者基于先验合成网络,给出了一种宽带 Doherty 功放设计方法,并推导出了详细的设计公式。文献[221]中,其作者将接地的 λ/4 线添加到传统 Doherty 功放架构的输出合成网络中,用于补偿有源负载调制。类似地,文献[222]中,λ/4 线被插入到峰值功放的输出网络中,用于补偿载波功放在低功率区域的负载阻抗。

纵观近年来发表的文章,可发现后匹配 Doherty 功放逐渐成为最流行的 Doherty 架构,尤其是在 2015 年之后[223-229]。文献[223]中,其作者分析了后匹配架构,证明了低阶阻抗逆变器更适合构建宽带 Doherty 功放。文献[17]中的工作进一步验证了后匹配拓扑的优势,其对一款 1.6 GHz~2.2 GHz 的非对称 Doherty 功放进行了验证。此外,文献[225]中,其作者采用相互耦合的谐波后匹配拓扑提高宽带 Doherty 功放性能。

连续工作模式已成为实现高性能宽带功放的流行技术,也被成功引入到 Doherty 架构中[229]。实际上,Doherty 功放的两个子放大器不仅在高功率区域相互调制,而且在低功率区域也会互相影响。当处于关闭状态时,峰值功放的输出阻抗位于史密斯圆图的边缘,而并不是无穷大。这种非无穷大的峰值阻抗可以用来构建连续类 Doherty 功放。文献[231]中,其作者基于非无穷大峰值阻抗,设计了一款 1.6 GHz~2.7 GHz 的连续类 Doherty 功放。

总之,合成网络在限制 Doherty 功放的带宽方面起着主导作用[232]。无论合成网络的类型是什么,设计人员都应该找到一种能够平衡 Doherty 功放带宽和性能的方案[233-236]。本节基于连续类 Doherty 功放,提出一种普适性合成网络,该网络具有四个设计变量,为设计宽带 Doherty 功放提供了更多的自由度。为验证普适性合成网络的实用性,本节通过合理选择四个设计变量,扩展了连续类 Doherty 功放的工作带宽。实验结果表明,设计的连续类 Doherty 功放能很好地在倍频程带宽上工作。

7.3.2 CM-DOHERTY 功放的普适性合成网络

传统 Doherty 功放架构由两个子功放组成，分别为载波（主）功效和峰值（辅助）功放。在实际设计中，由于寄生元件的存在，两个子功放不仅在高功率区域（峰值功放开启）相互作用，而且在低功率区域（峰值功放处于关闭状态）也会相互作用。基于这两个子放大器的相互作用，我们构建了 CM-DOHERTY 功放[231]。为了便于进一步分析 CM-DOHERTY 功放性能，我们假设二次谐波负载阻抗在整个工作带宽内符合理论匹配条件。因此，下面的分析主要集中在基波阻抗上，而且只考虑对称的 Doherty 结构。

7.3.2.1 CM-DOHERTY 功放简要合成网络

中心频率为 f_1 的 CM-DOHERTY 功放的简要示意图如图 7.23 和图 7.24（见彩图 11）所示。Doherty 功放的负载为 $Z_L = R_{opt}/2$，其中 R_{opt} 是偏置在 B 类功放的最佳阻抗[213]。偏置在 B 类的载波功放的电流用 I_C 表示，而偏置在 C 类的峰值功放的电流用 I_P 表示。实际上，制造商提供的晶体管内部包含寄生元件，因此，在载波功放的输出端，特性阻抗为 $Z_1 = R_{opt}$ 的阻抗逆变器 TL1 应包括载波功放的寄生元件。同时，峰值功放的输出传输线 TL2 可以减少到 180°，其特征阻抗为 $Z_2 = R_{opt}$。因此，在 f_1 处，CM-DOHERTY 功放的合成网络可以用两条长度分别为 90° 和 180° 的传输线 TL1 和 TL2 来表示。

在图 7.23 中，Z_{C1} 和 Z_{P1} 分别是从 TL1 和 TL2 看合成点的阻抗。Z_C 和 Z_P 分别是载波和峰值晶体管的负载阻抗。下标 B 和 S 分别表示低功率区域和饱和功率水平。毫无疑问，在饱和功率点，会出现有源负载调制，且有源负载调制可以描述如下：

$$\begin{cases} Z_{C1S} = (1 + I_{P1}/I_{C1}) \cdot R_L = 2Z_L \\ Z_{P1S} = (1 + I_{C1}/I_{P1}) \cdot R_L = 2Z_L \end{cases} \quad (7.39)$$

其中 I_{C1} 和 I_{P1} 分别是从 TL1 和 TL2 流向负载的电流，如图 7.23 所示。

从理论上讲，在饱和功率点由于有源负载调制匹配得非常好，因此载波和峰值功放可以独立工作[231]。这就意味着 Z_{CS} 和 Z_{PS} 位于史密斯圆图的中心，如图 7.24 所示。

在低功率区域，因为峰值功放处于关闭状态会影响载波功放，而现在，峰值功放可以被认为是开路的。低功率区域的峰值路的输出阻抗可以推导出为

$$Z_{POB} = \frac{Z_2}{\mathrm{j}\tan(180°f)} \quad (7.40)$$

其中 f 为归一化的工作频率（归一化为 f_1）。

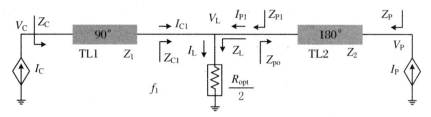

图 7.23 CM-DOHERTY 功放的简要结构

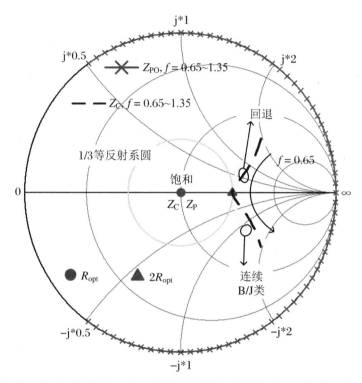

图 7.24 CM-DOHERTY 功放中载波晶体管的负载阻抗及相对于归一化频率

$$Z_{C1B} = Z_L/Z_{POB} \tag{7.41}$$

此外，电流 I_C 的负载阻抗可以被描述为

$$Z_C = Z_1 \frac{Z_{C1}\cos\theta_1 + jZ_1\sin\theta_1}{Z_1\cos\theta_1 + jZ_{C1}\sin\theta_1} \tag{7.42}$$

其中 θ_1 是 90°传输线在归一化工作频率 f 下的相位延迟。

$$\theta_1 = 90° \cdot f \tag{7.43}$$

结合式(7.41)和式(7.42)，可以求得 Z_{CB}，如图 7.24 所示，$0.65 \leqslant f \leqslant 1.35$（蓝色虚线）。$Z_{CB}$ 位于连续 B/J 类工作模式的阻抗空间附近，$0.65 \leqslant f \leqslant 1.35$（黄色尖线）。这正是 CM-DOHERTY 功放的工作机制[231]。

7.3.2.2 CM-DOHERTY 功放的普适性合成网络

本部分以图 7.23 所示的合成网络为基础,对图 7.25 所示的普适性合成网络进行分析。图 7.23 中的传输线 TL2 分为特征阻抗为 Z_3 的 TL3 和特征阻抗为 Z_4 的 TL4 两部分。这两条传输线都是 f_1 处的 90°相位延迟线,如图 7.25 所示。用特性阻抗为 Z_5 的 TL5 来代替 TL1。重要的是,Doherty 的负载阻抗不再是 $R_{opt}/2$,而是 σR_{opt}。在图 7.25 中,Z_3、Z_4 和 Z_5 不限于 R_{opt},而是三个设计参数。

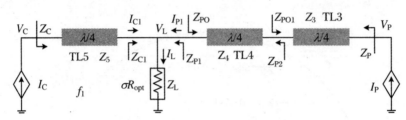

图 7.25 提出的普适应性合成网络架构

一方面,在饱和功率时,Z_{C1S} 和 Z_{P1S} 为

$$Z_{C1S} = 2Z_L = 2\sigma R_{opt}$$
$$Z_{P1S} = 2Z_L = 2\sigma R_{opt} \tag{7.44}$$

基于式(7.42),Z_{CS} 为

$$Z_{CS} = Z_5 \frac{Z_{C1S}\cos\theta_1 + jZ_5\sin\theta_1}{Z_5\cos\theta_1 + jZ_{C1S}\sin\theta_1} \tag{7.45}$$

此外,Z_{P2S} 和 Z_{PS} 为

$$Z_{P2S} = Z_4 \frac{Z_{P1S}\cos\theta_1 + jZ_4\sin\theta_1}{Z_4\cos\theta_1 + jZ_{P1S}\sin\theta_1} \tag{7.46}$$

$$Z_{PS} = Z_3 \frac{Z_{P2S}\cos\theta_1 + jZ_3\sin\theta_1}{Z_3\cos\theta_1 + jZ_{P2S}\sin\theta_1} \tag{7.47}$$

式(7.45)和式(7.47)表明 Z_{CS} 与 f、Z_5 和 Z_L 有关,而 Z_{PS} 与 f、Z_3、Z_4 和 Z_L 相关。

另一方面,在低功率区域,Z_{POB} 不能用式(7.40)表示,但可以推导出为

$$Z_{POB} = Z_4 \frac{Z_{PO1B}\cos\theta_1 + jZ_4\sin\theta_1}{Z_4\cos\theta_1 + jZ_{PO1B}\sin\theta_1} \tag{7.48}$$

其中 Z_{PO1B} 是开路 TL3 的阻抗。

$$Z_{PO1B} = \frac{Z_3}{j\tan\theta_1} \tag{7.49}$$

然后,可以使用式(7.41)、式(7.42)和式(7.48)推导出广义合成器的 Z_{CB} 为

$$Z_{CB} = Z_5 \frac{Z_{C1B}\cos\theta_1 + jZ_5\sin\theta_1}{Z_5\cos\theta_1 + jZ_{C1B}\sin\theta_1} \tag{7.50}$$

到目前为止,三个关键参数 Z_{CS}、Z_{PS} 和 Z_{CB} 由四个变量 Z_3、Z_4、Z_5 和 σ 表示。这

意味着可以自由选择这四个变量来满足 Doherty 功放的设计要求。CM-DOHERTY 功放要求 Z_{CB} 位于连续 B/J 类的设计空间周围。为了扩展 CM-DOHERTY 功放的带宽,可以调整四个设计参数来确保在更宽的带宽上基波阻抗 Z_{CB} 位于连续 B/J 类的基波阻抗空间附近。

由式(7.45),很容易推导出 Z_{CS} 与 σ 和 Z_5 有关。在这里,为简单起见,将 Z_5 重新定义为

$$Z_5 = \sqrt{\mu\sigma} R_{opt} \tag{7.51}$$

图 7.26(a)~(c)描绘了 Z_{CS}、Z_{PS} 和 Z_{CB} 关于 $0.65 \leqslant f \leqslant 1.35$、$\mu$ 和 k 的分布。其中 k 的定义为

$$Z_4 = \sqrt{\sigma/k} \cdot Z_3 \tag{7.52}$$

在图 7.26(a)~(c)中,σ 分别等于 1/1.5、1/1.8 和 1/2.1。此外,考虑到 k 与 Z_4 和 Z_3 之间的比率有关,假设 Z_3 为 R_{opt}。

从图 7.26 可以得到三个重要信息:首先,虽然在式(7.46)和式(7.47)中,Z_{PS} 与 μ 无关,但是与 Z_{CB} 相比,μ 对 Z_{CS} 却有显著的影响;其次,只有选择合适的 k 才能得到令人满意的 Z_{PS},而且 k 越小,CM-DOHERTY 功放在低功率区域可以获得更宽的带宽;最后,不仅可以得出 Z_{CB} 的分布与 σ 成反比,而且可以得出 Z_{CS} 和 σ 之间的正相关关系。一方面,σ 越大,CM-DOHERTY 功放在回退功率水平下可以获得的带宽越宽;但是另一方面,随着 σ 的增加,在饱和功率电平下,载波和峰值功放的失配会变得越来越严重。

图 7.26(a)中 Z_{PS} 的分布表明,当 $\sigma=1/1.5$ 时,最好将 k 设置为 0.4。这样,Z_{CB} 不仅在中心工作频率处,而且在侧频带处,都略微偏离了连续 B/J 类的阻抗空间。同时,应仔细选择 μ,以平衡载波功放在回退和饱和功率水平下的性能。当 σ 等于 1/1.8 和 1/2.1 时,$k=0.5$ 是最合适的选择。

在低功率区域,峰值功放 Z_{POB} 的输出阻抗仅在 σ 固定时由 k 决定,如式(7.48)和式(7.49)所示。图 7.26 还显示了 Z_{POB} 在史密斯圆图上的分布。显然,随着 k 的增加,Z_{POB} 变得越来越密集。

为实现宽带 CM-DOHERTY 功放,应精心选择四个设计参数(σ、Z_3、k 和 μ),以确保 Z_{CB} 位于所设计频带上连续 B/J 类模式的设计空间周围。这四个设计参数为 Doherty 功放设计人员提供了更多的自由度。实际上,可以首先根据外部因素确定一个参数,例如对传输线宽度的制造要求。然后,再通过调整其他三个变量来构建高性能宽带 CM-DOHERTY 功放。在下小一节中,CM-DOHERTY 功放的构造是 σ 等于 1/1.5。

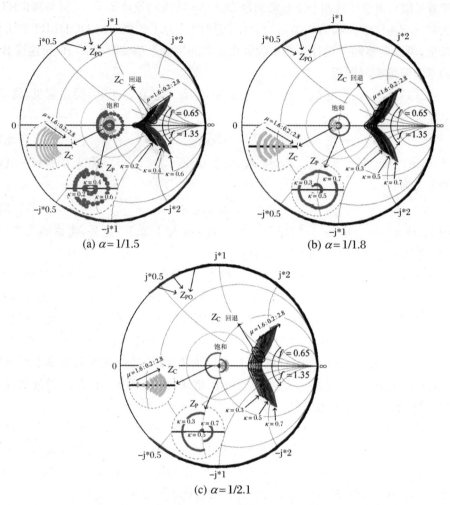

图 7.26 相对于归一化频率和其他设计参数的载波和峰值晶体管的负载阻抗

7.3.3 设计连续 DOHERTY 功放

这部分说明了 CM-DOHERTY 功放的设计过程。假设中心频率 f_1 为 2 GHz。本节中使用的有源器件是 Wolfspeed 的 CGH40010F GaN 晶体管。最佳阻抗设置为 $R_{opt} = 30\ \Omega$[231]。设计过程中的所有模拟仿真均在高级设计系统中执行。在本节的设计中使用了厚度为 20 mil 的罗杰斯 RO4350B 基板。

为了获得明显的 Doherty 功放性能，载波和峰值功放应分别偏置在 AB 类和深 C 类[238-239]。在本项工作中，载波和峰值功放的栅极偏置电压分别为 −2.9 V 和 −5.6 V，漏极电压为 28 V。

7.3.3.1 设计参数的确定

考虑到所用晶体管的尺寸,将设计参数 Z_3 设置为 R_{opt}。30 Ω 传输线的宽度是 2.3 mm,比所用晶体管的漏极宽一点。

然后,基于图 7.26(a),选择 $\mu = 2.16$, $k = 0.34$, $\sigma = 0.67$。因此,CM-DOHERTY 功放的设计变量 $Z_3 = 30$ Ω, $Z_4 = 42$ Ω, $Z_5 = 36$ Ω, $Z_L = 20$ Ω。基于式(7.45)、式(7.47)和式(7.50),设计的 CM-DOHERTY 功放中的 Z_{CS}、Z_{PS} 和 Z_{CB} 在 $0.62 \leqslant f \leqslant 1.38$ 范围内的值如图 7.27 所示。显而易见,所提出的 CM-DOHERTY 功放具有接收大约 76% 的相对带宽的潜力。因为 Z_{CB} 在 $f = 0.62$ 和 $f = 1.38$ 处与 B/J 类连续体相互作用。然而,在图 7.27 还可以看出 Z_{CB} 与 B/J 类连续体之间存在一些不匹配。同时,该 CM-DOHERTY 功放中的 Z_{CS} 和 Z_{PS} 也表现出轻微的失配。这些失配是由于在输出回退功率点工作带宽的扩展造成的。

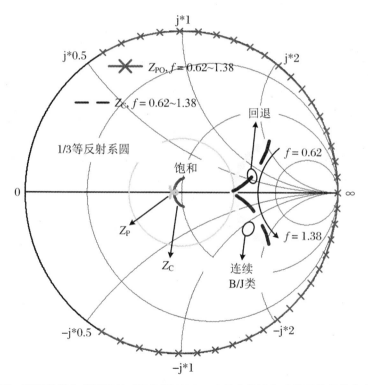

图 7.27 使用前置合成网络的 CM-DOHERTY 功放中载波和峰值晶体管的负载阻抗

7.3.3.2 CM-DOHERTY 功放设计

图 7.28 显示了设计的 CM-DOHERTY 功放的整体示意图。如前所述,所设计的 CM-DOHERTY 功放的合成网络为 $Z_3 = 30\ \Omega$、$Z_4 = 42\ \Omega$、$Z_5 = 36\ \Omega$ 和 $Z_L = 20\ \Omega$,设计过程如下:

第一,应将 36 Ω 的 TL5 传输线替换为包含输出匹配网络和载波功放的寄生元件的网络[231]。也就是说,输出匹配网络和封装元件的组合形成了 90°阻抗逆变器 TL5,如图 7.28 所示。图 7.29(a)描绘了具有两个 36 Ω 终端的复合 TL5 的仿真结果,且复合 TL5 在 2.0 GHz 时的相位延迟为 -82°而不是 -90°,这是由梳状 T 形结具有相位延迟导致的。

第二,封装元件对 TL3 也有影响。在这里,为了补偿封装元件的相位延迟,减少了 TL3 的长度,如图 7.28 所示。

第三,在 TL3 与合成点之间插入 42 Ω 传输线,在 2 GHz 时相位延迟为 90°(TL4)。理论上,TL4 的宽度和长度分别为 1.4 mm 和 21 mm。然而考虑到 T 形结的影响,TL4 的长度减少到 17.5 mm。并且为了获得更好设计结果,TL4 的宽度被调整到 1.36 mm。

第四,应构建一个后匹配网络,将 20 Ω 转换为标准 50 Ω 负载阻抗。图 7.28 给出了设计的后匹配网络以及所用元件的尺寸。设计实现的后匹配网络的仿真结果如图 7.29(b)所示。

第五,为载波和峰值功放分别构建了输入匹配网络。此外,设计了一个两级威尔金森功率分配器,将输入功率平均分配给两个子功放。两级功率分配器的元件尺寸已经在文献[231]中介绍过,感兴趣的读者可查阅相关文献。

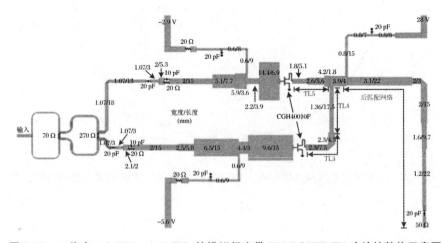

图 7.28 工作在 1.2 GHz~2.8 GHz 的模拟超宽带 CM-DOHERTY 功放的整体示意图

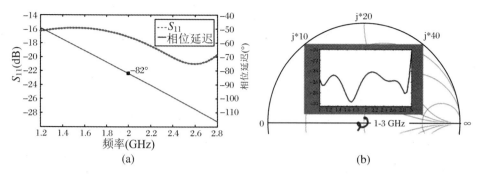

图 7.29 合成 TL5 的仿真结果(a)和构建后匹配网络的仿真结果(b)

7.3.3.3 仿真结果

CM-DOHERTY 功放构建完成后,本小节将分析载波功放在低功率区(Z_{CB})的负载阻抗。图 7.30(彩图 12)(a)显示了 Z_{CB} 在 1.15 GHz~2.9 GHz 的载波晶体管内部和封装平面上的基波阻抗。在这里,内部负载阻抗是使用文献[231]中描述的去嵌入方法得出的。如图 7.30(a)所示,Z_{CB} 的基波值非常接近 1.2 GHz~2.9 GHz 的连续 B/J 类模式。

不可避免地,二次谐波阻抗在功率放大器设计中起着重要作用[237]。在前面的分析中,二次谐波是在完美匹配条件下假设的。然而,在宽带宽的有源负载调制 Doherty 功放中,很难完美地控制二次谐波。图 7.30(b)中的红线是 Z_{CB} 的二次谐波,显然,Z_{CB} 的二次谐波在 3.9 GHz~5.1 GHz 范围内没有得到很好的控制。

事实上,在封装平面上有一个小区域,二次谐波阻抗不应该位于其中[222]。CM-DOHERTY 功放的回退效率小于 45% 是因为图 7.30(c)中的阴影区域,即某些工作频率下的二次谐波阻抗空间。重要的是,当工作频率大于 1.7 GHz 时,在整个史密斯图中,CM-DOHERTY 功放的回退效率大于 45%。显然,低功率区域的载波功放的二次谐波阻抗位于可接受区域,如图 7.30(c)所示。

图 7.31 说明了设计的 Doherty 功放在某些工作频率下输入或输出功率的仿真结果。设计的 Doherty 功放的模拟饱和输出功率和增益与输入功率的关系如图 7.31(a)所示。相对于输出功率的模拟功率附加效率和漏极效率分别如图 7.31(b)和(c)所示。为了清楚地观察设计的 Doherty 功放在整个工作频段上的输出功率、饱和增益、功率附加效率和漏极效率与工作频率的关系,对其进行仿真,并得出结果如图 7.32 所示。

1.15 GHz~2.9 GHz 的模拟饱和输出功率和饱和增益如图 7.32(a)所示。设计的 Doherty 功放可以提供 43.2~45.4 dBm 的饱和输出功率,在 1.15 GHz~2.9 GHz 范围内饱和增益为 9.2~12.8 dB。图 7.32(b)显示了在 1.15 GHz~

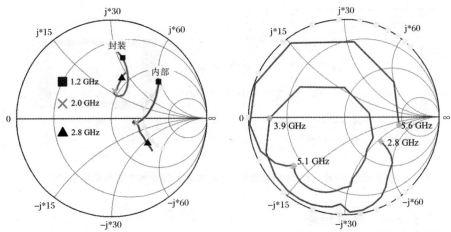

(a) 载波晶体管内部和封装平面上的基波阻抗　　(b) 电流发生器平面的二次谐波负载阻抗

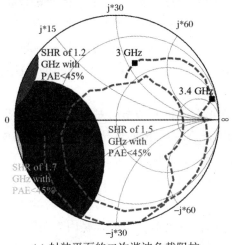

(c) 封装平面的二次谐波负载阻抗

图 7.30　低功率区域的载波晶体管的模拟负载阻抗轨迹

2.9 GHz 范围内饱和和 6 dB 输出回退功率电平下的模拟功率附加效率。图 7.32(b) 中的实线表示设计的 Doherty 功放在 1.15 GHz～2.9 GHz 范围内具有 45.9%～63.6% 的饱和功率附加效率,虚线表示具有 38.8%～50.9% 的 6 dB 回退功率附加效率。饱和和 6 dB 回退时的模拟漏极效率如图 7.32(c) 所示。图 7.32(c) 中的实线表示设计的 Doherty 功放在 1.15 GHz～2.9 GHz 范围内具有 50.6%～70.6% 的饱和漏极效率。在 6 dB 输出回退功率电平下,设计的 Doherty 功放在 1.15 GHz～2.9 GHz 范围内获得 42.9%～56% 的漏极效率。

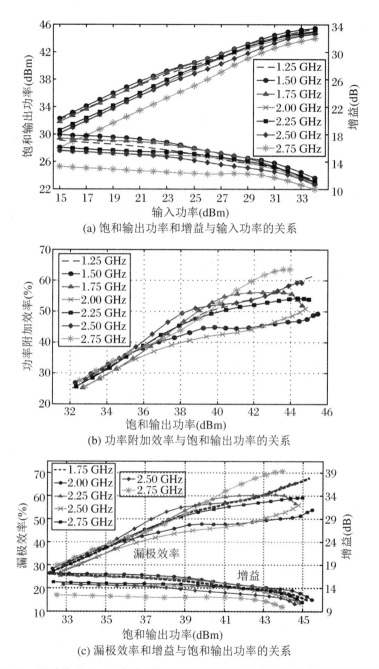

(a) 饱和输出功率和增益与输入功率的关系

(b) 功率附加效率与饱和输出功率的关系

(c) 漏极效率和增益与饱和输出功率的关系

图 7.31 设计的 Doherty 功放在某些工作频率下与输入和输出功率的仿真结果

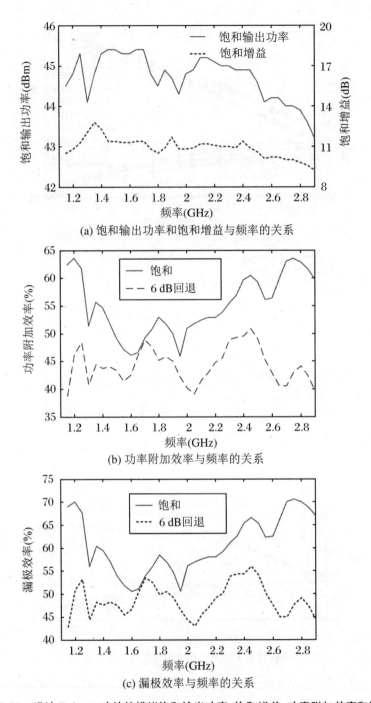

图 7.32 设计 Doherty 功放的模拟饱和输出功率、饱和增益、功率附加效率和漏极效率与工作频率的关系

7.3.4 实验结果

在本项工作中,设计的 CM-DOHERTY 功放分别受到连续波和 20 MHz 宽带 LTE 信号的激励。在测量时,载波功放的静态电流固定为 30 mA,峰值功放的栅极电压为 -6 V,漏极电压为 28 V。图 7.33 为设计的 Doherty 功放原型和实验环境。

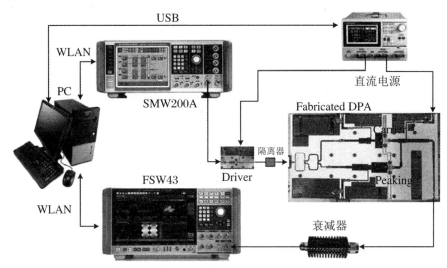

图 7.33 设计的 Doherty 原型和实验环境的照片

7.3.4.1 连续波信号测量

在连续波信号激励下,对输入功率和频率进行扫描,记录输出功率、增益和漏极效率。图 7.34(a)显示了在某些工作频率下测得的输出功率和增益。测量的功率附加效率和漏极效率与输出功率的关系分别如图 7.34(b)和(c)所示。如图 7.34 所示,设计的 Doherty 功放在饱和时测量的输出功率、功率附加效率和漏极效率随频率的变化非常分散。主要原因是峰值功放在饱和时没有很好地匹配,导致有源负载调制不足。此外,饱和时载波功放的失配(由图 7.27 所示的带宽扩展引起的)也可能导致效率分散。

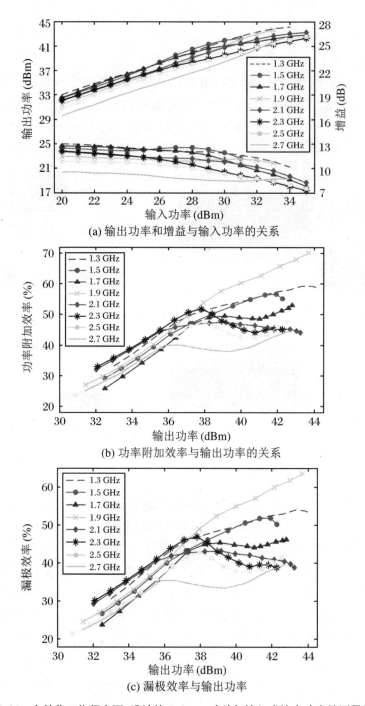

图 7.34 在某些工作频率下，设计的 Doherty 功放与输入或输出功率的测量结果

设计的 Doherty 功放的测量结果如图 7.35 所示,它的最大饱和输出功率和饱和增益与工作频率的关系如图 7.35(a)所示。图中的实线表示设计的 Doherty 功放的饱和输出功率在 1.2 GHz~2.7 GHz 范围内为 42.1~44.2 dBm。在最大输出功率下的饱和增益为 7.2~11.3 dB,如图 7.35(a)所示。

图 7.35(b)描绘了设计的 CM-DOHERTY 功放在 1.2 GHz~2.7 GHz 范围内测量的功率附加效率。图中的虚线表明,设计的 Doherty 功放在 1.2 GHz~2.7 GHz 范围内获得 35.5%~49.8% 的 6 dB 输出回退功率附加效率。此外,图中的实线还表明,在 1.2 GHz~2.7 GHz 范围内,设计的 Doherty 功放在饱和时测量的功率附加效率为 38.8%~67.4%。

图 7.35(c)显示了设计的 CM-DOHERTY 功放在 1.2 GHz~2.7 GHz 范围内测量的漏极效率。图中的虚线表明,设计的 Doherty 功放在 1.2 GHz~2.7 GHz 范围内具有 40%~54% 的 6 dB 输出回退漏极效率。图中的实线表明,测得设计的饱和漏极效率在 1.2 GHz~2.7 GHz 范围内从 44% 变化到 75%。

在连续波信号的激励下,所设计的 CM-DOHERTY 功放的实验结果如表 7.3 所示。此外,表 7.3 中还给出了最近发表的一些对称 Doherty 功放的数据进行比较。

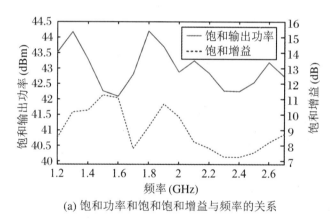

(a) 饱和功率和饱和饱和增益与频率的关系

图 7.35 设计的 Doherty 功放在 1.2 GHz~2.7 GHz 范围内测得的饱和输出功率、饱和增益、功率附加效率和漏极效率

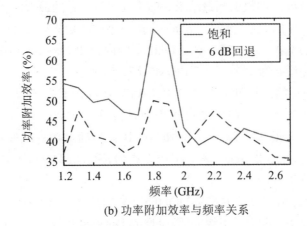

(b) 功率附加效率与频率关系

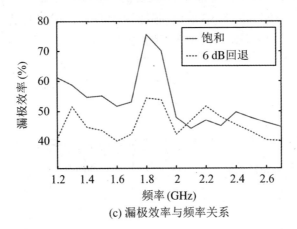

(c) 漏极效率与频率关系

图 7.35 设计的 Doherty 功放在 1.2 GHz~2.7 GHz 范围内测得的饱和输出功率、饱和增益、功率附加效率和漏极效率(续)

表 7.3 最近发表的一些对称 Doherty 功放与我们的工作的比较

参考文献，年份	频率（GHz）	带宽（GHz）	功率（dBm）	增益（dB）	饱和漏极效率(%)	回退漏极效率(%)	回退水平（dB）
[8],2019	1.05~2.35（76.4%）	1.3	43~45.3	11~13.3	57.5~80.4	50~77	6
[9],2019	0.9~1.8（66.7%）	0.9	49.7~51.4	6.6~17.2	54.2~73.4	41.7~58	6
[13],2014	1.05~2.55（83%）	1.5	40~42	>7	45~83	35~58	6

续表

参考文献,年份	频率(GHz)	带宽(GHz)	功率(dBm)	增益(dB)	饱和漏极效率(%)	回退漏极效率(%)	回退水平(dB)
[14],2016	1.5~2.5(50%)	1	42~44.5	8~11	55~75	42~53	6
[15],2016	1.7~2.8(49%)	1.1	44~44.5	11~12	57~71	50~55	6
[19],2016	1.65~2.75(50%)	1.1	44~46	7~8	60~75	50~60	6
[21],2019	1.25~2.3(59.2%)	1.05	41.4~44.6	—	56~75.4	45~56.5	6
[22],2019	1.5~2.6(53%)	1.1	43.7~45	7.7~9.3	57~75.6	41.3~55.1	8
[25],2018	1.8~3.8(72%)	2	44.3~46.5	—	42~62	41~51	6
[26],2018	1.5~3.8(87%)	2.3	42.3~43.4	10~13.8	42~63	33~55	6
[27],2017	0.55~1.1(66.7%)	0.55	42~43.5	—	56~72	40~52	6
[29],2017	1.1~2.4(74%)	1.3	43.3~45.4	9.5~11.1	55.4~68	43.8~54.9	6
本工作	1.2~2.7(76.9%)	1.5	42.1~44.2	7.2~11.3	44~75	40~54	6

虽然仿真结果表明设计的 Doherty 功放可以在 1.15 GHz~2.9 GHz 范围内工作,但实验结果显示设计的 Doherty 功放的工作范围为 1.2 GHz~2.7 GHz。模拟与实验之间的差异可归结于以下原因:① 晶体管、电容和其他元件的焊接可能导致实验结果的恶化;② 使用的晶体管和其他元件的模型不准确;③ 印刷电路板(PCB)有工艺误差。

7.3.4.2 调制信号激励下的特性

为了评估线性度,设计的 Doherty 功放还受到峰均比为 7.04 dB 的 20 MHz LTE 调制信号的激励。图 7.36(a)显示了测量的相邻信道泄漏比与整个工作频带的关系,同时也显示了平均漏极效率和平均输出功率的测量结果。从图7.36(a)可以看出,在35~37 dBm 的平均输出功率电平下,设计的 Doherty 功放在上频带(ACLR_Upper)处测得的相邻信道泄漏比范围为 -31 dBc~-23.8 dBc,在较低频段(ACLR_Lower)处测得的相邻信道泄漏比范围内为 -30 dBc~-24.3 dBc。而且在1.2 GHz~2.7 GHz 范围内测得的平均漏极效率为36%~47.5%。

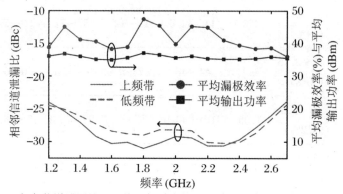

(a) 相邻信道泄漏比、平均漏极效率和平均输出功率与频率的关系

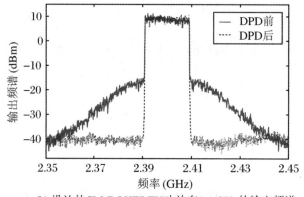

(b) 设计的 CM-DOHERTY 功放在 2.4 GHz 的输出频谱

图 7.36 设计的 Doherty 功放在 20 MHz LTE 调制信号的激励下的测量结果

毫无疑问,数字预失真(DPD)一直是一种用来线性化非线性功放的流行技术[16]。这里是在2.4 GHz 处对设计的 CM-DOHERTY 功放执行数字预失真技术的。图7.36(b)显示了设计的 CM-DOHERTY 功放在 2.4 GHz 的输出频谱。在数字预失真技术之前和之后,测量设计的 Doherty 功放的相邻信道泄漏比分别为 -29.7 dBc 和 -49.5 dBc。

在整个数字预失真过程中,使用间接学习方法来获得数字预失真函数。选择具有非线性阶4和存储深度13的基于一阶动态偏差减少的 Volterra 模型来构建数字预失真结构,并通过最小二乘法估计所有模型参数。

7.3.5 总结

本节使用普适性合成网络构建了一款工作在倍频程带宽上的连续类 Doherty 功率放大器。普适性合成网络不仅可以扩大连续类 Doherty 功放的工作带宽,亦可为设计人员实现宽带 Doherty 功放提供更大的自由度。作为验证,本节实现了一款工作于 1.2 GHz~2.7 GHz(相对带宽为 76.9%)的连续类 Doherty 功放,以阐明普适性合成网络的有效性。该 Doherty 功放在工作频段内的最大输出功率为 42.1~44.2 dBm,饱和漏极效率为 44%~75%,饱和增益为 7.2~11.3 dB,6 dB 回退效率为 40%~54%。在 2.4 GHz 频点,当设计的 Doherty 功放由峰均比为 7.04 dB 的 20 MHz LTE 信号激励时,其相邻信道功率泄漏比为 -29.7 dBc,经过数字预失真技术之后邻信道功率泄漏比可达 -49.5 dBc。

参 考 文 献

[1] Hsu H T, Kuo F Y, Lu P H. Design of WiFi/WiMAX dual-band E-shaped patch antennas through cavity model approach[J]. Microwave and Optical Technology Letters, 2010, 52(2): 471-474.

[2] 房志江. 小型化及多频段天线技术研究[D]. 上海:上海交通大学, 2010.

[3] Liu H W, Zhang Z C, Wang S, et al. Compact dual-band bandpass filter using defected microstrip structure for GPS and WLAN applications[J]. Electronics Letters, 2010, 46(21): 1444-1445.

[4] Tu W H. Design of switchable dual-band bandpass filters with four states[J]. LET Microwaves Antennas and Propagation, 2010, 4(12): 2234-2239.

[5] Morini A, Venanzoni G. Adaptive prototype for fixed length and dual-band waveguide H-plane filters[J]. LET Microwaves Antennas and Propagation, 2011, 5(8): 901-908.

[6] Wang J, Ge L, Wang K, et al. Compact microstrip dual-mode dual-band bandpass filter with wide stopband[J]. Electronics Letters, 2011, 47(4): 263-265.

[7] Yuan H J, Fan Y. Compact microstrip dual-band filter with stepped-impedance resonators[J]. Electronics Letters, 2011, 47(24): 1328-1328.

[8] Chen J, Deng K, Yang S, et al. Design of compact dual-band bandpass filter using dual-mode stepped-impedance stub resonators[J]. Electronics Letters, 2014, 50(8): 611-613.

[9] Gao S S, Sun S, Li J L, et al. Compact dual-mode dual-band bandpass filter with inside-outside-reversed dual-ring topology[J]. Electronics Letters, 2017, 53(9): 624-626.

[10] Kang Z, Zhou C, Wen W. Substrate integrated waveguide dual-band filter with wide-stopband performance[J]. Electronics Letters, 2017, 53(16): 1121-1123.

[11] Chen F C, Chu Q X, Tu Z H. Tri-band bandpass filter using stub loaded resonators[J]. Electronics Letters, 2008, 44(12): 747-749.

[12] Chu Q X, Lin X M. Advanced triple-band bandpass filter using tri-section SIR[J]. Electronics Letters, 2008, 44(4): 295-296.

[13] Chen F C, Chu Q X. Design of compact tri-band bandpass filters using assembled resonators[J]. IEEE Transactions on Microwave Theory and Techniques, 2009, 57(1): 165-171.

[14] Chen J Z, Wang N, He Y, et al. Fourth-order tri-band bandpass filter using square ring loaded resonators[J]. Electronics Letters, 2011, 47(15): 858-859.

[15] Doan M T, Che W Q, Feng W J. Tri-band bandpass filter using square ring short stub loaded resonators[J]. Electronics Letters, 2012, 48(2): 106-107.

[16] Wang L, Guan B R. Compact and high selectivity tri-band BPF using nested DDGSRs [J]. Electronics Letters, 2012, 48(7): 378-379.

[17] Bae K U, Won Y S, Myung N H. Design method for bandpass filter with enhanced stopband rejection using spiral SIRs[J]. Electronics Letters, 2012, 48(17): 1067-1068.

[18] Fan W X, Li Z P, Gong S X. Tri-band filter using combined E-type resonators[J]. Electronics Letters, 2013, 49(3): 193-194.

[19] Ghatak R, Aditya A K, Pal M, et al. Tri-band bandpass filters using modified tri-section stepped impedance resonator with improved selectivity and wide upper stopband [J]. IET Microwaves, Antennas and Propagation, 2013, 7(15): 1187-1193.

[20] Heng Y, Ying Z, Guo X, et al. Tri-band superconducting bandpass filter with high selectivity[J]. Electronics Letters, 2013, 49(10): 658-659.

[21] Feng Y, Wei B, Xu Z, et al. Tri-band superconducting bandpass filter with controllable passband specifications[J]. Electronics Letters, 2014, 50(20): 1456-1457.

[22] Kumar N, Singh Y K. Compact tri-band bandpass filter using three stub-loaded open-loop resonator with wide stopband and improved bandwidth response[J]. Electronics Letters, 2014, 50(25): 1950-1951.

[23] Xiao J K, Li Y, Li X W, et al. Controllable miniature tri-band bandpass filter using defected microstrip structure[J]. Electronics Letters, 2014, 50(21): 1534-1536.

[24] Kumar N, Singh Y K. Compact tri to dual passband switchable bandpass filter using stub-loaded split-ring resonator with improved bandwidth[J]. Electronics Letters, 2015, 51(19): 1510-1512.

[25] Naghar A, Essaaidi M, Sanchez M G, et al. Design of compact wideband multi-band and ultrawideband band pass filters based on coupled half wave resonators with reduced coupling gap[J]. IET Microwaves, Antennas and Propagation, 2015, 9(15): 1786-1792.

[26] Zhu C, Xu J, Kang W, et al. High-selectivity tri-band bandpass filter with ultra-wide stopband[J]. Electronics Letters, 2015, 51(20): 1585-1587.

[27] Liu S, Xu J. Compact tri-band bandpass filter using SISRLR[J]. Electronics Letters, 2016, 52(18): 1539-1540.

[28] Wei F, Qin P Y, Guo Y J, et al. Design of multi-band bandpass filters based on stub loaded stepped-impedance resonator with defected microstrip structure[J]. IET Microwaves, Antennas and Propagation, 2016, 10(2): 230-236.

[29] Xu J, Zhu Y. Compact semi-lumped dual- and tri-wideband bandpass filters[J]. IET Microwaves, Antennas and Propagation, 2017, 11(1): 53-58.

[30] Zhao P C, Zong Z Y, Wu W, et al. An Fss structure based on parallel lc resonators for multiband applications[J]. IEEE Transactions on Antennas and Propagation, 2017,

65(10): 5257-5266.

[31] Ren L Y. Quad-band bandpass filter based on dual-plane microstrip/DGS slot structure [J]. Electronics Letters, 2010, 46(10): 691-692.

[32] Wu J Y, Tu W H. Design of quad-band bandpass filter with multiple transmission zeros[J]. Electronics Letters, 2011, 47(8): 502-503.

[33] Hsu K W, Tu W H. Sharp-rejection quad-band bandpass filter using meandering structure[J]. Electronics Letters, 2012, 48(15): 935-936.

[34] Shang X, Wang Y, Nicholson G L, et al. Design of multiple-passband filters using coupling matrix optimisation[J]. IET Microwaves, Antennas and Propagation, 2012, 6(1): 24-30.

[35] Sung Y. Quad band-notched ultrawideband antenna with a modified H-shaped resonator[J]. IET Microwaves, Antennas and Propagation, 2013, 7(12): 999-1004.

[36] Weng S C, Hsu K W, Tu W H. Independently switchable quad-band bandpass filter[J]. IET Microwaves, Antennas and Propagation, 2013, 7(14): 1113-1119.

[37] Cui C, Liu Y. Quad-band bandpass filter design by embedding dual-band bandpass filter with dual-mode notch elements[J]. Electronics Letters, 2014, 50(23): 1719-1720.

[38] Xiao J K, Li Y, Li X W, et al. Miniature quad-band bandpass filter with passband individually controllable using folded SIR[J]. Electronics Letters, 2014, 50(9): 679-680.

[39] Xiao J K, Li Y, Ma J G, et al. Transmission zero controllable bandpass filters with dual and quad-band[J]. Electronics Letters, 2015, 51(13): 1003-1005.

[40] Lee C H, Wen P H, Hsu G, et al. Balanced quad-band diplexer with wide common-mode suppression and high differential-mode isolation[J]. IET Microwaves, Antennas and Propagation, 2016, 10(6): 599-603.

[41] Xiao M, Li X, Sun G. Quad-band bandpass filter based on single stepped-impedance ring resonator[J]. Electronics Letters, 2016, 52(10): 848-849.

[42] Liu B, Guo Z, Wei X, et al. Quad-band BPF based on SLRs with inductive source and load coupling[J]. Electronics Letters, 2017, 53(8): 540-542.

[43] Chang K. Microstrip Filters for RF/Microwave Applications[M]. New Jersey: John Wiley & Sons, 2001.

[44] Wyndrum R W. Microwave filters, impedance-matching networks, and coupling structures[M]. McGraw-Hill, 1964.

[45] 甘本袚. 现代微带滤波器的结构与设计[M]. 北京: 科学出版社, 1973.

[46] Zhang H, Kang W, Wu W. Differential substrate integrated waveguide bandpass filter with improved common-mode suppression utilising complementary split-ring resonators[J]. Electronics Letters, 2017, 53(7): 508-510.

[47] Zhang Q L, Adhikari S, Wang B Z, et al. A reconfigueable dual-mode bandpass filter based on substrate integrated waveguide[J]. Microwave and Optical Technology Letters, 2017, 59(4): 934-937.

[48] Zhang S, Rao J Y, Cheng J J, et al. Novel compact single-band and dual-band bandpass filter based on one-third-mode substrate integrated waveguide[J]. LEICC Electronics Express, 2017, 14(19): 153-156.

[49] Hickle M D, Peroulis D. Tunable constant-bandwidth substrate-integrated bandstop filters[J]. IEEE Transactions on Microwave Theory and Techniques, 2018, 66(1): 157-169.

[50] Lee B, Koh B, Nam S, et al. Band-switchable substrate-integrated waveguide resonator and filter[J]. IEEE Transactions on Microwave Theory and Techniques, 2018, 66(1): 147-156.

[51] Naeem U, Khan M B, Shafique M F. Design of compact dual-mode dual-band SIW filter with independent tuning capability[J]. Microwave and Optical Technology Letters, 2018, 60(1): 178-182.

[52] Qiu L F, Wu L S, Yin W Y, et al. Hybrid non-uniform-Q lossy filters with substrate integrated waveguide and microstrip resonators[J]. LET Microwaves Antennas and Propagation, 2018, 12(1): 92-98.

[53] Zhang H, Kang W, Wu W. Dual-band substrate integrated waveguide bandpass filter utilising complementary split-ring resonators[J]. Electronics Letters, 2018, 54(2): 85-87.

[54] Jiang W, Shen W, Wang T, et al. Compact dual-band filter using open/short stub loaded stepped impedance resonators (OSLSIRs/SSLSIRs)[J]. IEEE Microwave and Wireless Components Letters, 2016, 26(9): 672-674.

[55] Naqui J, Su L, Mata J, et al. Coplanar waveguides loaded with symmetric and asymmetric pairs of slotted stepped impedance resonators: modeling, applications, and comparison to sir-loaded cpws[J]. Microwave and Optical Technology Letters, 2016, 58(11): 2741-2745.

[56] Ai J, Zhang Y H, Xu K D, et al. Miniaturized frequency controllable band-stop filter using coupled-line stub-loaded shorted sir for tri-band application[J]. IEEE Microwave and Wireless Components Letters, 2017, 27(7): 627-629.

[57] Bukuru D, Song K, Zhang F, et al. Compact quad-band bandpass filter using quad-mode stepped impedance resonator and multiple coupling circuits[J]. IEEE Transactions on Microwave Theory and Techniques, 2017, 65(3): 783-791.

[58] Kim C, Lee T H, Shrestha, et al. Miniaturized dual-band bandpass filter based on stepped impedance resonators[J]. Microwave and Optical Technology Letters, 2017, 59(5): 1116-1119.

[59] Koirala G R, Kim N Y. Compact and tunable microstrip tri-band bandstop filter incorporating open-stubs loaded stepped-impedance-resonator[J]. Microwave and Optical Technology Letters, 2017, 59(4): 815-818.

[60] Liu H, Song Y, Ren B, et al. Balanced tri-band bandpass filter design using octo-sec-

[61] Xu L J, Duan Z. Miniaturized lowpass filter with wide band rejection using modified stepped-impedance hairpin resonator[J]. Microwave and Optical Technology Letters, 2017, 59(6): 1313-1317.

[62] Elabyad I A, Herrmann T, Bruns C, et al. RF shimming and improved sar safety for mri at 7 t with combined eight-element stepped impedance resonators and traveling-wave antenna[J]. IEEE Transactions on Microwave Theory and Techniques, 2018, 66(1): 540-555.

[63] Wei F, Chen L, Shi X W, et al. UWB bandpass filter with one tunable notch-band based on DGS[J]. Journal of Electromagnetic Waves and Applications, 2012, 26(5-6): 673-680.

[64] Lv Z L, Gong S X, Zhao S W, et al. A Tunable dual-band 6 bit digital phase shifter using dgs and stubs[J]. Microwave Journal, 2014, 57(4): 102-104.

[65] Song K J, Zhang F, Fan Y. Miniaturized dual-band bandpass filter with good frequency selectivity using SIR and DGS[J]. Aeu-International Journal of Electronics and Communications, 2014, 68(5): 384-387.

[66] Huang Y M, Shao Z H, He Z S, et al. A bandpass filter based on half mode substrate integrated waveguide-to-defected ground structure cells[J]. International Journal of Antennas and Propagation, 2015.

[67] Liu S, Xu J, Xu Z T. Sharp roll-off lowpass filter using interdigital DGS slot[J]. Electronics Letters, 2015, 51(17): 1343-1344.

[68] Xu S S, Ma K, Meng F Y, et al. Novel defected ground structure and two-side loading scheme for miniaturized dual-band siw bandpass filter designs[J]. IEEE Microwave and Wireless Components Letters, 2015, 25(4): 217-219.

[69] Chen H, Jiang D, Chen X. Wideband bandstop filter using hybrid microstrip/CPW-DGS with via-hole connection[J]. Electronics Letters, 2016, 52(17): 1469-1470.

[70] Prajapati P R, Patnaik A, Kartikeyan M V. Improved DGS parameter extraction method for the polarization purity of circularly polarized microstrip antenna[J]. International Journal of Rf and Microwave Computer-Aided Engineering, 2016, 26(9): 773-783.

[71] Zhang Y Y, Jin L, Li L. Design of LPF using Hi-Lo interdigital DGS slot[J]. Ieice Electronics Express, 2016, 13(9): 136-139.

[72] Liu C, An X. A SIW-DGS wideband bandpass filter with a sharp roll-off at upper stopband[J]. Microwave and Optical Technology Letters, 2017, 59(4): 789-792.

[73] Butterworth S. Theory of Filter Amplifiers[J]. Experimental Wireless and the Wireless Engineer, 1930, 7: 536-541.

[74] 卡梅伦,库德赛,曼索. 通信系统微波滤波器：基础、设计与应用[M]. 王松林,译. 北京：电子工业出版社,2012.

[75] Cohn S B. Direct-coupling resonnator filters[J]. IRE PROC, 1957, 45(2): 187-196.

[76] Williams A E. A four-cavity elliptic waveguide filter[J]. Microwave Theory and Techniques IEEE Transactions on, 1970, 18(12): 1109-1114.

[77] Atia A E, Williams A E. New types of waveguide bandpass filters for satellite transponders[J]. Comsat Tech. Review, 1971,1(1):20-43.

[78] Atia A E, Williams A E, Newcomb R W, Narrow-band multiple-coupled cavity synthesis[J]. Circuits & Systems IEEE Transactions on, 1974, 21(5): 649-655.

[79] Cameron R J. General coupling matrix synthesis methods for Chebyshev filtering functions[J]. IEEE Transactions on Microwave Theory & Techniques, 1999, 47(4): 433-442.

[80] Roschmann P. Compact YIG Bandpass Filter with Finite-Pole Frequencies for Applications in Microwave Integrated Circuits (Short Papers)[J]. IEEE Transactions on Microwave Theory & Techniques, 2003, 21(1): 52-57.

[81] Cameron R J. Advanced coupling matrix synthesis techniques for microwave filters[J]. IEEE Transactions on Microwave Theory and Techniques, 2003, 51(1): 1-10.

[82] Orchard H J, Temes G C. Filter design using transformed variables[J]. Circuit Theory IEEE Transactions on, 1968, 15(4): 385-408.

[83] Amari S, Tadeson G, Cihlar J, et al. New parallel spl lambda/2-microstrip line filters with transmission zeros at finite frequencies[J]. IEEE MTT-S Digest, 2003, 1: 543-546.

[84] Levy R. New cascaded trisections with resonant cross-couplings (CTR sections) applied to the design of optimal filters[C]// 2004 IEEE MTT-S International Microwave Symposium Digest. IEEE, 2004,2: 447-450.

[85] Ma K, Ma J G, Yeo K S, et al. A compact size coupling controllable filter with separate electric and magnetic coupling paths[J]. IEEE Transactions on Microwave Theory and Techniques, 2006, 54(3): 1113-1119.

[86] 尉旭波. 高性能小型化混合耦合滤波器设计与实现[D]. 成都:电子科技大学, 2012.

[87] Miyake H, Kitazawa S, Ishizaki T, et al. A miniaturized monolithic dual band filter using ceramic lamination technique for dual mode portable telephones[C]// 1997 IEEE MTT-S International Microwave Symposium Digest. IEEE, 1997,2: 789-792.

[88] Tsai L C, Hsue C W. Dual band bandpass filters using equal-length coupled-serial-shunted lines and Z-transform technique[J]. IEEE Transactions on Microwave Theory and Techniques, 2004, 52(4): 1111-1117.

[89] Guan X, Ma Z, Peng C, et al. Design of microstrip dual band bandpass filter with controllable bandwidth[J]. Microwave & Optical Technology Letters, 2010, 49(3): 740-742.

[90] Li L, Li Z F. Design of a new dual band microstrip bandpass filter with multiple transmission zeros[J]. Microwave and Optical Technology Letters, 2010, 50(11): 2874-2877.

[91] Ma Z, Shimizu T, Kobayashi Y, et al. Design and implementation of microwave dual-band bandpass filters using microstrip composite resonators[J]. Microwave and Optical Technology Letters, 2008, 50(6): 1628-1632.

[92] Li C Y, Chen J X, Tang H, et al. Tri-band bandpass filter with wide stop-band using stub-loaded triple-mode resonator[J]. Journal of Electromagnetic Waves and Applications, 2013, 27(4): 439-447.

[93] Gao L, Zhang X Y, Hu B J, et al. Novel Multi-Stub Loaded Resonators and Their Applications to Various Bandpass Filters[J]. IEEE Transactions on Microwave Theory and Techniques, 2014, 62(5): 1162-1172.

[94] Lan S W, Weng M H, Chang S J, et al. A tri-band bandpass filter with wide stopband using asymmetric stub-loaded resonators[J]. IEEE Microwave & Wireless Components Letters, 2015, 25(1): 19-21.

[95] Gao L, Zhang X Y, Zhang Y B. Compact quad-band bandpass filter using open- and short-stub-loaded resonators[J]. Journal of Electromagnetic Waves and Applications, 2012, 26(8-9): 1070-1081.

[96] Xu J, Wu W, Wei G. Compact multi-band bandpass filters with mixed electric and magnetic coupling using multiple-mode resonator[J]. IEEE Transactions on Microwave Theory & Techniques, 2015, 63(12): 3909-3919.

[97] Makimoto M, Yamashita S. Compact bandpass filters using stepped impedance resonators[J]. Proceedings of the IEEE, 1979, 67(1): 16-19.

[98] Makimoto M, Yamashita S. Bandpass filters using parallel coupled stripline stepped impedance resonators[J]. Microwave Theory and Techniques IEEE Transactions on, 1980, 28(12): 1413-1417.

[99] Sun S, Zhu L. Compact dual-band microstrip bandpass filter without external feeds[J]. IEEE Microwave and Wireless Components Letters, 2005, 15(10): 644-646.

[100] Chen C Y, Hsu C Y. A simple and effective method for microstrip dual-band filters design[J]. IEEE Microwave and Wireless Components Letters, 2006, 16(5): 246-248.

[101] Chen C F, Huang T Y, Wu R B. Design of dual- and triple-passband filters using alternately cascaded multiband resonators[J]. IEEE Transactions on Microwave Theory and Techniques, 2006, 54(9): 3550-3558.

[102] Hsu C I G, Lee C H, Hsieh Y H. Tri-band bandpass filter with sharp passband skirts designed using tri-section sirs[J]. IEEE Microwave and Wireless Components Letters, 2008, 18(1): 19-21.

[103] Chen W Y, Su Y H, Kuan H, et al. Simple method to design a tri-band bandpass filter using asymmetric SIRs for GSM, WIMAX, and WLAN applications[J]. Microwave and Optical Technology Letters, 2011, 53(7): 1573-1576.

[104] Yang R Y, Hung C Y, Lin J S. Design and fabrication of a quad-band bandpass filter using multi-layered sir structure[J]. Progress In Electromagnetics Research, 2011, 114(1):

457-468.

[105] Jiang W, Shen W, Wang T, et al. Compact dual-band filter using open/short stub loaded stepped impedance resonators (OSLSIRs/SSLSIRs)[J]. IEEE Microwave and Wireless Components Letters, 2016, 26(9): 672-674.

[106] Xu J, Wu W, Miao C. Compact microstrip dual-/tri-/quad-band bandpass filter using open stubs loaded shorted stepped-impedance resonator[J]. IEEE Transactions on Microwave Theory and Techniques, 2013, 61(9): 3187-3199.

[107] Zhang X Y, Xue Q, Hu B J. Planar tri-band bandpass filter with compact size[J]. IEEE Microwave and Wireless Components Letters, 2010, 20(5): 262-264.

[108] Zhang S, Zhu L. Compact tri-band bandpass filter based on lambda/4 resonators with u-folded coupled-line[J]. IEEE Microwave and Wireless Components Letters, 2013, 23(5): 258-260.

[109] Chen W Y, Weng M H, Chang S J. A new tri-band bandpass filter based on stub-loaded step-impedance resonator[J]. IEEE Microwave and Wireless Components Letters, 2012, 22(4): 179-181.

[110] Doan M T, Che W Q, Feng W J. Tri-band bandpass filter using square ring short stub loaded resonators[J]. Electronics Letters, 2012, 48(2): 106-107.

[111] Yan T, Tang X H, Wang J. A novel quad-band bandpass filter using short stub loaded e-shaped resonators[J]. IEEE Microwave and Wireless Components Letters, 2015, 25(8): 508-510.

[112] Wu H W, Yang R Y. A new quad-band bandpass filter using asymmetric stepped impedance resonators[J]. IEEE Microwave and Wireless Components Letters, 2011, 21(4): 203-205.

[113] Karpuz C, Gorur A K, Ozek A, et al. Design of quad-band bandpass filter using nested dual-mode square loop resonators[C]// Microwave Conference, 2015: 945-948.

[114] Chen C F, Huang T Y, Wu R B. Design of microstrip bandpass filters with multiorder spurious-mode suppression[J]. IEEE Transactions on Microwave Theory and Techniques, 2005, 53(12): 3788-3793.

[115] Ahn D, Park J S, Kim C S, et al. A design of the low-pass filter using the novel microstrip defected ground structure[J]. IEEE Transactions on Microwave Theory & Techniques, 2001, 49(1): 86-93.

[116] Hsieh L H, Chang K. Compact elliptic-function low-pass filters using microstrip stepped-impedance hairpin resonators[J]. IEEE Transactions on Microwave Theory and Techniques, 2003, 51(1): 193-199.

[117] 宁俊松, 罗正祥, 羊恺, 等. 宽阻带平面低通滤波器的设计[J]. 电子学报, 2008, 36(2): 342-345.

[118] Zhang H, Chen K J. A tri-section stepped-impedance resonator for cross-coupled bandpass filters[J]. IEEE Microwave & Wireless Components Letters, 2005, 15(6):

401-403.

[119] Kuan H, Lin Y L, Yang R Y, et al. A multilayered parallel coupled microstrip bandpass filter with embedded sir cells to have a broad upper rejection band[J]. IEEE Microwave and Wireless Components Letters, 2010, 20(1): 25-27.

[120] Ghatak R, Sarkar P, Mishra R K, et al. A compact uwb bandpass filter with embedded sir as band notch structure[J]. IEEE Microwave and Wireless Components Letters, 2011, 21(5): 261-263.

[121] Wei F, Chen L, Shi X W, et al. Compact UWB bandpass filter with tunable notch band based on folded SIR[J]. Electronics Letters, 2011, 47(22): 1229-1230.

[122] Chang C Y, Chen C C. A novel coupling structure suitable for cross-coupled filters with folded quarter-wave resonators[J]. Microwave and Wireless Components Letters IEEE, 2003, 13(12): 517-519.

[123] Chu Q X, Wang H. A compact open-loop filter with mixed electric and magnetic coupling[J]. IEEE Transactions on Microwave Theory and Techniques, 2008, 56(2): 431-439.

[124] Dai G L, Guo Y X, Xia M Y. Design of compact bandpass filter with improved selectivity using source-load coupling[J]. Electronics Letters, 2010, 46(7): 505-506.

[125] Deng P H, Tsai J T. Design of microstrip cross-coupled bandpass filter with multiple independent designable transmission zeros using branch-line resonators[J]. IEEE Microwave and Wireless Components Letters, 2013, 23(5): 249-251.

[126] Hsieh L H, Chang K. Equivalent lumped elements G, L, C, and unloaded Q's of closed- and open-loop ring resonators[J]. Microwave Theory and Techniques IEEE Transactions on, 2002, 50(2): 453-460.

[127] Torabi A, Forooraghi K. Miniature harmonic-suppressed microstrip bandpass filter using a triple-mode stub-loaded resonator and spur lines[J]. IEEE Microwave and Wireless Components Letters, 2011, 21(5): 255-257.

[128] Chan H K, Kai C. Wide-stopband bandpass filters using asymmetric stepped-impedance resonators[J]. IEEE Microwave and Wireless Components Letters, 2013, 23(2): 69-71.

[129] LinS C, Deng P H, Lin Y S, et al. Wide-stopband microstrip bandpass filters using dissimilar quarter-wavelength stepped-impedance resonators[J]. IEEE Transactions on Microwave Theory and Techniques, 2006, 54(3): 1011-1018.

[130] Lin Y S, Lin W, Ku C, et al. Wideband coplanar-waveguide bandpass filters with good stopband rejection[J]. IEEE Microwave and Wireless Components Letters, 2004, 14(9): 422-424.

[131] Chen F S, Xing Q Q, Zheng B Y. Design of UWB bandpass filter using highpass and dual-plane EBG lowpass filters[C]// 2013 IEEE International Conference on Applied Superconductivity and Electromagnetic Devices. IEEE, 2013: 149-152.

[132] Chang C Y, Itoh T. A modified parallel-coupled filter structure that improves the upper stopband rejection and response symmetry[J]. Microwave Theory and Techniques IEEE Transactions on, 1991, 39(2): 310-314.

[133] Mandal M K, Sanyal S. Design of wide-band, sharp-rejection bandpass filters with parallel-coupled lines[J]. IEEE Microwave and Wireless Components Letters, 2006, 16(11): 597-599.

[134] Chin K S, Lin L Y, Lin J T. New formulas for synthesizing microstrip bandpass filters with relatively wide bandwidths[J]. IEEE Microwave and Wireless Components Letters, 2004, 14(5): 231-233.

[135] Kuo J T, Shih E. Wideband bandpass filter design with three-line microstrip structures[J]. IEE Proceedings-Microwaves, Antennas and Propagation, 2001, 149(56): 243-247.

[136] Lan S W, Weng M H, Hung C Y, et al. Design of a compact ultra-wideband bandpass filter with an extremely broad stopband region[J]. IEEE Microwave and Wireless Components Letters, 2016, 26(6): 392-394.

[137] Hsieh L H, Chang K. Compact, low insertion loss, sharp rejection wideband bandpass filters using dual-mode ring resonators with tuning stubs[J]. Electronics Letters, 2002, 37(22): 1345-1347.

[138] HsiehL H, Chang K. Compact, low insertion-loss, sharp-rejection, and wide-band microstrip bandpass filters[J]. Microwave Theory and Techniques IEEE Transactions on, 2003, 51(4): 1241-1246.

[139] SoongT W, Liu J C, Shie C H, et al. Modified dual-mode double-ring resonators for wide band-pass filter design[J]. IEE Proceedings-Microwaves, Antennas and Propagation, 2005, 152(4): 245-250.

[140] Mandal M K, Sanyal S. Compact wide-band bandpass filter using microstrip to slotline broadside-coupling[J]. IEEE Microwave and Wireless Components Letters, 2007, 17(9): 640-642.

[141] Zhou Y, Yao B, Cao Q, et al. Compact UWB bandpass filter using ring open stub loaded multiple-mode resonator[J]. Electronics Letters, 2009, 45(11): 554-556.

[142] Li R, Zhu L. Ultra-wideband microstrip-slotline bandpass filter with enhanced rejection skirts and widened upper stopband[J]. Electronics Letters, 2007, 43(24): 1368-1369.

[143] Li R, Zhu L. Compact uwb bandpass filter using stub-loaded multiple-mode resonator[J]. IEEE Microwave and Wireless Components Letters, 2007, 17(1): 40-42.

[144] Chu Q X, Tian X K. Design of uwb bandpass filter using stepped-impedance stub-loaded resonator[J]. IEEE Microwave and Wireless Components Letters, 2010, 20(9): 501-503.

[145] Song K, Xue Q. Inductance-loaded y-shaped resonators and their applications to filters[J]. IEEE Transactions on Microwave Theory and Techniques, 2010, 58(4): 978-984.

[146] Chan H K, Kai C. Ultra-wideband (uwb) ring resonator bandpass filter with a notched band[J]. IEEE Microwave and Wireless Components Letters, 2011, 21(4): 206-208.

[147] Chu Q X, Wu X H, Tian X K. Novel uwb bandpass filter using stub-loaded multiple-mode resonator[J]. IEEE Microwave and Wireless Components Letters, 2011, 21(8): 403-405.

[148] HabibaH U, Malathi K, Masood M H, et al. Tunable electromagnetic band gap-embedded multimode resonators for ultra-wideband dual band, lower-ultra-wideband and upper-ultra-wideband applications[J]. LET Microwaves Antennas and Propagation, 2011, 5(10): 1182-1187.

[149] Wang H, Yang G, Kang W, et al. Application of cross-shaped resonator to the ultra wideband bandpass filter design[J]. IEEE Microwave and Wireless Components Letters, 2011, 21(12): 667-669.

[150] Wu X H, Chu Q X, Tian X K, et al. Quintuple-mode uwb bandpass filter with sharp roll-off and super-wide upper stopband[J]. IEEE Microwave and Wireless Components Letters, 2011, 21(12): 661-663.

[151] Lin L, Yang S, Sun S J, et al. Ultra-wideband bandpass filter using multi-stub-loaded ring resonator[J]. Electronics Letters, 2014, 50(17): 1218-1220.

[152] Wang H, Tam K W, Ho S K, et al. Design of ultra-wideband bandpass filters with fixed and reconfigurable notch bands using terminated cross-shaped resonators[J]. IEEE Transactions on Microwave Theory and Techniques, 2014, 62(2): 252-265.

[153] Wolff I. Microstrip bandpass filter using degenerate modes of a microstrip ring resonator[J]. Electronics Letters, 1972, 8(12): 302-303.

[154] Wang H, Zhu L. Ultra-wideband bandpass filter using back-to-back microstrip-to-CPW transition structure[J]. Electronics Letters, 2005, 41(24): 1337-1338.

[155] Hu H L, Huang X D, Cheng C H. Ultra-wideband bandpass filter using CPW-to-microstrip coupling structure[J]. Electronics Letters, 2006, 42(10): 586-587.

[156] Colantonio P, Giannini F, Giofre R, et al. A design technique for concurrent dual-band harmonic tuned power amplifier[J]. IEEE Transactions on Microwave Theory and Techniques, 2008, 56(11): 2545-2555.

[157] Hau G. Reconfigureable output matching network for multi band RF power amplifier: US08736378b1[P]. 2014.

[158] Cidronali A, Giovannelli N, Magrini I, et al. Compact concurrent dual-band power amplifier for 19 GHz wcdma and 35 GHz ofdm wireless systems[C]// 2008. Microwave Integrated Circuit Conference. IEEE, 2008: 518-521.

[159] Jeong Y, Chaudhary G, Lim J. A dual band high efficiency class-f gan power amplifier using a novel harmonic-rejection load network[J]. Ieice Trans Electron, 2012, 95(11): 1783-1789.

[160] Saad P, Colantonio P, Piazzon L, et al. Design of a concurrent dual-band 1.8—2.4 GHz

GAN-HEMT doherty power amplifier[J]. IEEE Transactions on Microwave Theory and Techniques, 2012, 60(6): 1840-1849.

[161] Ding Y, Guo Y X, Liu F L, et al. Concurrent dual band class F power amplifier with novel harmonic control network[J]. Microwave and Optical Technology Letters, 2012, 54(3): 707-711.

[162] Chen P, He S, Wang X, et al. 17/26 GHz high-efficiency concurrent dual-band power amplifier with dual-band harmonic wave controlled transformer[J]. Electronics Letters, 2014, 50(3): 184-185.

[163] Dai Z, He S, Pang J, et al. Semi-analytic design method for dual-band power amplifiers[J]. Electronics Letters, 2015, 51(17): 1336-1337.

[164] Raja S P, Rajkumar T D, Raj V P. Internet of things: challenges, issues and applications[J]. Journal of Circuits, Systems and Computers, 2018, 27(9): 1830007(1-16).

[165] Huang X, Rong Y, Kang J, et al. Software defined energy harvesting networking for 5G Green Communications[J]. IEEE Wireless Communications, 2017, 24(4): 38-45.

[166] Chen, K, Peroulis, et al. A 3.1 GHz class-F power amplifier with 82% power-added-efficiency[J]. IEEE Microwave & Wireless Components Letters, 2013, 23(8): 436-438.

[167] Tabrizi M M, Masoumi N. Double supply, linear, and high efficiency push amplifier design for envelope tracking power amplifiers in Wimax applications[J]. Journal of Circuits Systems & Computers, 2014, 23(8): 1450113.

[168] Chen P, He S. Investigation of inverse class-E power amplifier at sub-nominal condition for any duty ratio[J]. Circuits and Systems I: Regular Papers, IEEE Transactions on, 2017, 62(4): 1015-1024.

[169] Wright P, Lees J, Benedikt J, et al. A methodology for realizing high efficiency class-J in a linear and broadband PA[J]. IEEE Transactions on Microwave Theory & Techniques, 2009, 57(12): 3196-3204.

[170] Sharma T, Darraji R, Ghannouchi F. Design methodology of high-efficiency contiguous mode harmonically tuned power amplifiers[C]// 2016 IEEE Radio Wireless Week. IEEE, 2016: 148-150.

[171] Mimis K, Morris K A, Bensmida S, et al. Multichannel and wideband power amplifier design methodology for 4G communication systems based on hybrid class-J operation[J]. IEEE Transactions on Microwave Theory & Techniques, 2012, 60(8): 2562-2570.

[172] Meng X, Yu C, Liu Y, et al. Design approach for implementation of class-J broadband power amplifiers using synthesized band-pass and low-pass matching topology[J]. IEEE Transactions on Microwave Theory & Techniques, 2017, 65(12): 1-13.

[173] Carrubba V, Clarke A L, Akmal M, et al. The continuous class-F mode power amplifier[C]// Microwave Conference (EuMC). IEEE, 2010: 432-435.

[174] Tuffy N. A simplified broadband design methodology for linearized high-efficiency

continuous class-F power amplifiers[J]. IEEE Transactions on Microwave Theory & Techniques, 2012, 60(6): 1952-1963.

[175] Carrubba V, Clarke A L, Akmal M, et al. Exploring the design space for broadband pas using the novel "continuous inverse class-F mode" [C]// 2011 41st European Microwave Conference (EuMC). IEEE, 2011: 333-336.

[176] Yang M, Jing X, Yan G, et al. Highly efficient broadband continuous inverse class-F power amplifier design using modified elliptic low-pass filtering matching network[J]. IEEE Transactions on Microwave Theory and Techniques, 2016, 64(5): 1-11.

[177] Chen K, Peroulis D. Design of broadband highly efficient harmonic-tuned power amplifier using in-band continuous class-F mode transferring[J]. IEEE Transactions on Microwave Theory and Techniques, 2012, 60(12): 4107-4116.

[178] Sun Y, Zhu X W, Zhai J, et al. Highly efficient concurrent power amplifier with controllable modes[J]. Microwave Theory & Techniques IEEE Transactions on, 2015, 63(12): 4051-4060.

[179] Friesicke C, Quay R, Jacob A F. The resistive-reactive class-J power amplifier Mode[J]. IEEE Microwave & Wireless Components Letters, 2015, 25(10): 666-668.

[180] Lu Z, Chen W. Resistive second-harmonic impedance continuous class-F power amplifier with over one octave bandwidth for cognitive radios[J]. IEEE Journal on Emerging & Selected Topics in Circuits & Systems, 2013, 3(4): 489-497.

[181] Carrubba V. The continuous inverse class-F mode with resistive second-harmonic Impedance[J]. IEEE Transactions on Microwave Theory & Techniques, 2012, 60(6): 1928-1936.

[182] Zheng S Y, Liu Z W, Zhang X Y, et al. Design of ultra-wideband high-efficiency extended continuous class-F power amplifier[J]. IEEE Transactions on Industrial Electronics, 2018, 65(6): 4661-4669.

[183] Huang H, Zhang B, Yu C, et al. Design of multioctave bandwidth power amplifier based on resistive second-harmonic impedance continuous class-F[J]. IEEE microwave & Wireless Components Letters, 2017, 65(9): 1-3.

[184] Chen J, He S, You, et al. Design of broadband high-efficiency power amplifiers based on a series of continuous modes[J]. IEEE Microwave and Wireless Components Letters, 2014, 24(9): 631-633.

[185] Shi W M, He S B. A series of inverse continuous modes for designing broadband power amplifiers[J]. IEEE Microwave and Wireless Components Letters, 2016, 26(7): 525-527.

[186] Shi W, He S, Li Q, et al. Design of broadband power amplifiers based on resistive-reactive series of continuous modes[J]. IEEE Microwave and Wireless Components Letters, 2016, 26(7): 1-3.

[187] Huang C, He S, Shi W, et al. Design of broadband high-efficiency power amplifiers

based on the hybrid continuous modes with phase shift rarameter[J]. IEEE Microwave and Wireless Components Letters, 2018, 28(2): 1-3.

[188] Wen L, Tang Z, Ge B, et al. Design of broadband power amplifier based on a series of novel continuous inverse modes[J]. Electronics Letters, 2017, 53(10): 685-687.

[189] Raja S P, Rajkumar T D, Raj V P. Internet of Things: Challenges, Issues and Applications[J]. Journal of Circuits, Systems and Computers, 2018: 1830007.

[190] Moon J, Son J, Lee J, et al. A multimode/multiband envelope tracking transmitter with broadband saturated amplifier[C]// 2011 IEEE MTT-S Internationd Microwave Symposium Digest (MTT). IEEE, 2011: 3463-3473.

[191] ESWARAN, U, RAMIAH, et al. Design of wideband LTE Power amplifier with novel dual stage linearizer for mobile wireless communication[J]. Journal of Circuits, 2014(23): 1450111.

[192] Cripps S C, Tasker P J, Clarke A L, et al. On the continuity of high efficiency modes in linear RF power amplifiers[J]. IEEE Microwave & Wireless Components Letters, 2009, 19(10): 665-667.

[193] Wright P, Lees J, Benedikt J. A methodology for realizing high efficiency class-J in a linear and broadband PA[J]. IEEE Transactions on Microwave Theory & Techniques, 2009, 57(12): 3196-3204.

[194] Sharma T, Darraji R, Ghannouchi F, et al. Design methodology of high-efficiency continuous mode harmonically tuned power amplifiers[C]// 2016 IEEE Radio and Wireless Symposium (RWS). IEEE, 2016: 148-150.

[195] Mohadeskasaei S A, Lin F, Zhou X, et al. Design of broadband, high-efficiency, and high-linearity GaN HEMT CLASS-J RF power amplifier[J]. Progress in Electromagnetics Research C, 2017, 72: 177-186.

[196] Meng X, Yu C, Liu Y, et al. Design approach for implementation of class-J broadband power amplifiers using synthesized band-pass and low-pass matching topology[J]. IEEE Transactions on Microwave Theory & Techniques, 2017, 65(12): 1-13.

[197] Friesicke C, Quay R, Jacob A F. The resistive-reactive class-J power amplifier Mode[J]. IEEE Microwave & Wireless Components Letters, 2015, 25(10): 666-668.

[198] Tuffy N. A simplified broadband design methodology for linearized high-efficiency continuous class-F power amplifiers[J]. IEEE Transactions on Microwave Theory & Techniques, 2012, 60(6): 1952-1963.

[199] Chen K, Peroulis D. Design of broadband highly efficient harmonic-tuned power amplifier using in-band continuous class-F/F-1 mode transferring[J]. IEEE Transactions on Microwave Theory and Techniques, 2012, 60(12): 4107-4116.

[200] Zheng S Y, Liu Z W, Zhang X Y, et al. Design of ultra-wideband high-efficiency extended continuous class-F power amplifier[J]. IEEE Transactions on Industrial Electronics, 2018, 65(6): 4661-4669.

[201] Lu Z, Chen W. Resistive second-harmonic impedance continuous class-F power amplifier with over one octave bandwidth for cognitive radios[J]. IEEE Journal on Emerging & Selected Topics in Circuits & Systems, 2013, 3(4): 489-497.

[202] Huang H, Zhang B, Yu C, et al. Design of multioctave bandwidth power amplifier based on resistive second-harmonic impedance continuous class-F[J]. IEEE Microwave & Wireless Components Letters, 2017: 830-832.

[203] Chen J, He S, You, et al. Design of broadband high-efficiency power amplifiers based on a series of continuous modes[J]. IEEE Microwave and Wireless Components Letters, 2014, 24(9): 631-633.

[204] Shi W, He S, Li Q, et al. Design of broadband power amplifiers based on resistive-reactive series of continuous Modes[J]. IEEE Microwave and Wireless Components Letters, 2016, 26(7): 1-3.

[205] Huang C, He S, Shi W, et al. Design of broadband high-efficiency power amplifiers based on the hybrid continuous modes with phase shift parameter[J]. IEEE Microwave and Wireless Components Letters, 2018, PP(2): 1-3.

[206] Sharma T, Darraji R, Ghannouchi F, et al. Generalized continuous class-F harmonic tuned power amplifiers[J]. IEEE Microwave & Wireless Components Letters, 2016, 26(3): 213-215.

[207] Kazimierczuk M K. RF Power Amplifier[M]. John Wiley & Sons, 2008.

[208] Huang X, Rong Y, Kang J, et al. Software defined energy harvesting networking for 5G green communications[J]. IEEE Wireless Communications, 2017, 24(4): 38-45.

[209] Correia L M, Zeller D, Blume O, et al. Challenges and enabling technologies for energy aware mobile radio networks[J]. IEEE Communications Magazine, 2010, 48(11): 66-72.

[210] Popovic Z. Amping up the PA for 5G: efficient GaN power amplifiers with dynamic supplies[J]. IEEE Microwave Magazine, 2017, 18(3): 137-149.

[211] Asbeck P. Will doherty continue to rule for 5G? [C]// 2016 IEEE MTT-S Int. Microw. Symp. IEEE, 2016: 1-4.

[212] Kim B, Kim J, Kim I, et al. The Doherty power amplifier[J]. Microwave Magazine IEEE, 2006, 7(5): 42-50.

[213] Pengelly R, Fager C, Ozen M. Doherty's Legacy: A history of the Doherty power amplifier from 1936 to the Present Day[J]. IEEE Microwave Magazine, 2016, 17(2): 41-58.

[214] Shao J, Zhou R, Ren H, et al. Design of GaN Doherty power amplifiers for broadband applications[J]. IEEE Microwave and Wireless Components Letters, 2014, 24(4): 248-250.

[215] Mhma A, Ha B. A new design procedure for wide band Doherty power amplifiers-ScienceDirect[J]. AEU-International Journal of Electronics and Communications, 2019,

98: 181-190.

[216] Kang H, Lee H, Lee W, et al. Octave bandwidth Doherty power amplifiers using multiple resonance circuit for the peaking amplifiers[J]. IEEE Trans Circuits Syst I, 2019, 66: 583-93

[217] Akbarpour M, Ghannouchi F M, Helaoui M. Current-biasing of power-amplifier transistors and its application for ultra-wideband high efficiency at power back-off[J]. IEEE Transactions on Microwave Theory and Techniques, 2017, PP(99): 1-15.

[218] Barakat A, Thian M, Fusco V. A high-efficiency GaN Doherty power amplifiers with blended class-EF mode and load-pull technique[J]. IEEE Trans Circuits Syst II: Exp Briefs, 2017,65(2):151-155.

[219] Gustafsson D, Andersson C M, Fager C. A modified Doherty power amplifier with extended bandwidth and reconfigurable efficiency[J]. IEEE Transactions on Microwave Theory and Techniques, 2013, 61(1): 533-542.

[220] Giofre R, Piazzon L, Colantonio P, et al. A closed-form design technique for ultra-wideband Doherty power amplifiers[J]. IEEE Transactions on Microwave Theory & Techniques, 2014, 62(12): 3414-3424.

[221] Chen S, Wang G, Cheng Z, et al. A bandwidth enhanced Doherty power amplifier With a compact output combiner[J]. IEEE Microw Wireless Compon Letters, 2016, 26: 434-436.

[222] Xia J, Yang M, Guo Y, et al. A broadband high-efficiency Doherty power amplifier with integrated compensating reactance[J]. IEEE Transactions on Microwave Theory & Techniques, 2016, 26: 434-436.

[223] Pang J, He S, Huang C, et al. A post-matching Doherty power amplifier employing low-order impedance inverters for broadband applications[J]. IEEE Transactions on Microwave Theory and Techniques, 2015, 63(12): 4061-4071.

[224] Xia J, Yang M, Zhu A. Improved Doherty amplifier design with minimum phase delay in output matching network for wideband application[J]. IEEE Microwave and Wireless Components Letters, 2016, 26(11): 1-3.

[225] Zhou X Y, Zheng S Y, Chan W S, et al. Broadband efficiency-enhanced mutually coupled harmonic postmatching Doherty power amplifier[J]. IEEE Transactions on Circuits and Systems I: Regular Papers, 2017: 1758-1771.

[226] Chen X, Chen W, Ghannouchi F M, et al. A broadband Doherty power amplifier based on continuous-mode technology[J]. IEEE Transactions on Microwave Theory and Techniques, 2016: 1-13.

[227] Naah G, He S, Shi W, et al. Symmetrical Doherty power amplifiers design via continuous harmonic tuned Class-J mode[J]. AEU-International Journal of Electronics and Communications, 2019, 106: 96-102.

[228] Ghosh S, Rawat K. Hybrid analog digital continuous class B/J mode for broadband

[229] Gan D, Shi W. Design of a broadband Doherty power amplifiers based on hybrid continuous mode[J]. IEEE Access, 2019, 7: 86194-86204.

[230] Shi W, He S, Fei Y, et al. The influence of the output impedances of peaking power amplifier on broadband Doherty amplifiers[J]. IEEE Transactions on Microwave Theory Techniques, 2017, 65(8): 1-12.

[231] Shi W, He S, Zhu X, et al. Broadband continuous-mode Doherty power amplifiers with noninfinity peaking impedance[J]. IEEE Transactions on Microwave Theory & Techniques, 2017: 1-13.

[232] Saad P, Hou R, Hellberg R, et al. A 1.8—3.8 GHz power amplifiers with 40% efficiency at 8 dB power back-off[J]. IEEE Transactions on Microwave Theory & Techniques, 2018, 66: 4870-4882.

[233] Rubio J, Camarchia V, Pirola M, et al. Design of an 87% fractional bandwidth Doherty power amplifiers supported by a simplified bandwidth estimation method[J]. IEEE Transactions on Microwave Theory & Techniques, 2018, 66: 1319-1327.

[234] Darraji R, Bhaskar D, Sharma T, et al. Generalized theory and design methodology of wideband Doherty amplifiers applied to the realization of an octave-bandwidth prototype[J]. IEEE Transactions on Microwave Theory & Techniques, 2017, 65: 3014-3023.

[235] Barakat A, Thian M, Fusco V, et al. Toward a more generalized Doherty power amplifiers design for broadband operation[J]. IEEE Transactions on Microwave Theory & Techniques, 2017, 65: 846-859.

[236] Yang Z, Yao Y, Li M, et al. Bandwidth extension of Doherty power amplifiers using complex combining load with noninfinity peaking impedance[J]. IEEE Transactions on Microwave Theory & Techniques, 2019, 67: 765-777.

[237] Zhou X, Chan W, Zheng S, et al. A mixed topology for broadband high-efficiency Doherty power amplifiers[J]. IEEE Transactions on Microwave Theory & Techniques, 2019, 67: 1050-1064.

[238] Colantonio P, Giannini F, Giofr'e R, et al. The AB-C Doherty power amplifiers Part I: Theory[J]. International Joumal of RF Microwave Comput-Aided Eng, 2009, 19: 293-306.

[239] Colantonio P, Giannini F, Giofr'e R, et al. The AB-C Doherty power amplifiers Part II: Validation[J]. International Joumal of RF Microwave Comput-Aided Eng, 2009, 19: 307-316.

彩 图

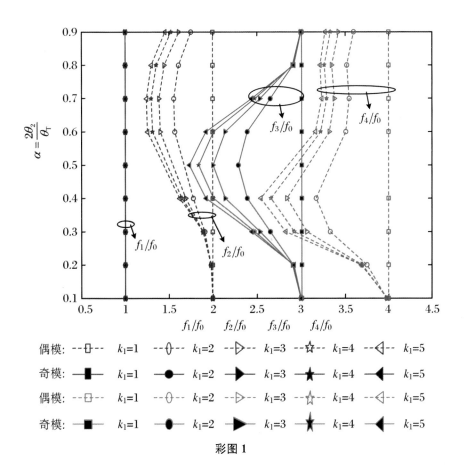

彩图 1

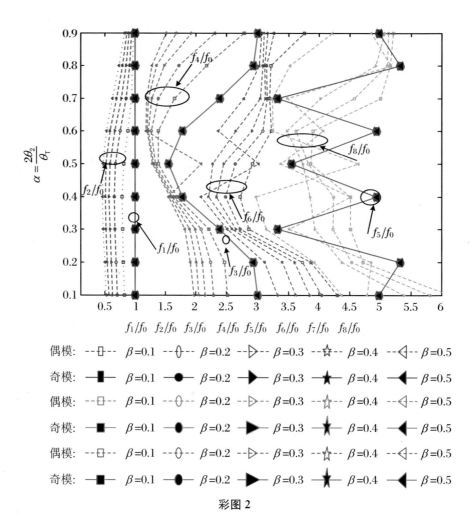

彩图 2

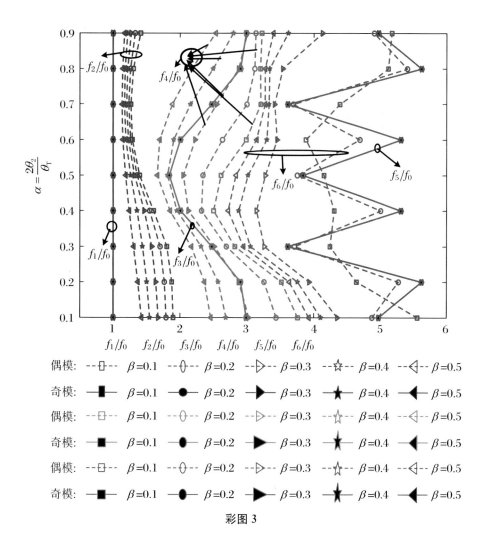

彩图 3

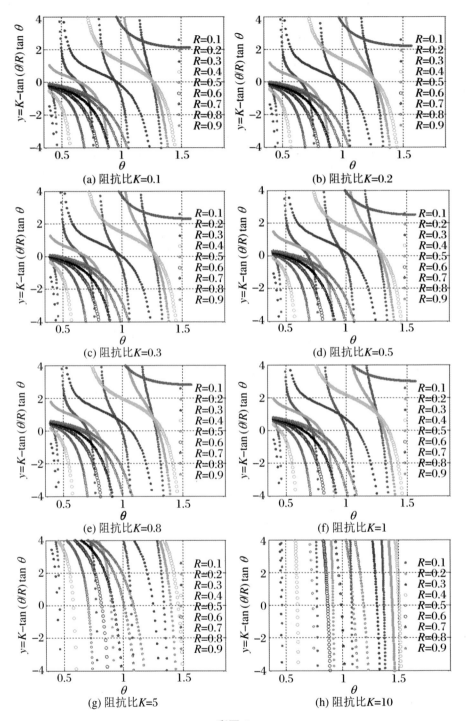

彩图4

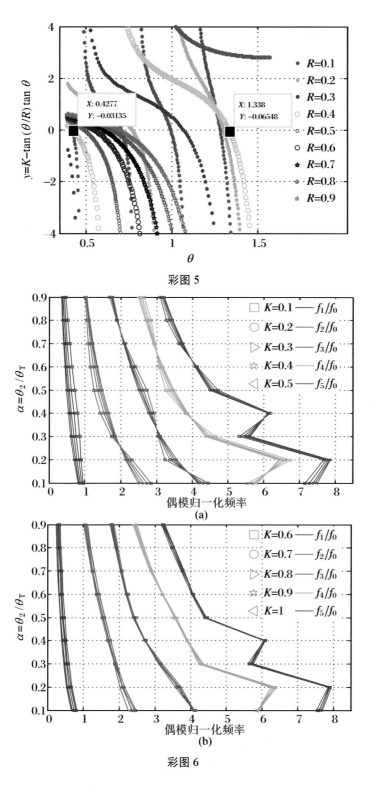

彩图 5

彩图 6

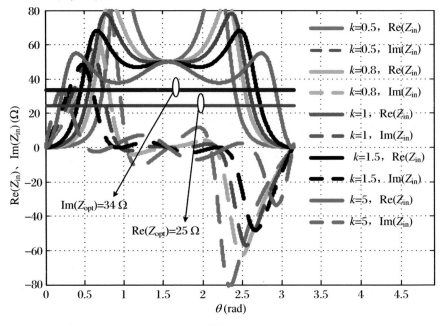

彩图 7

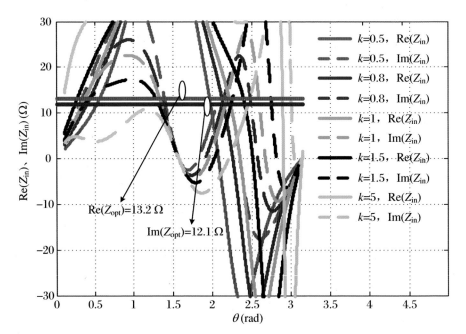

彩图 8

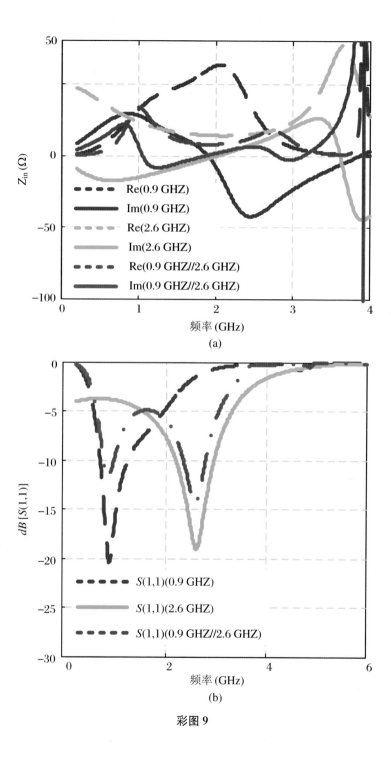

彩图 9

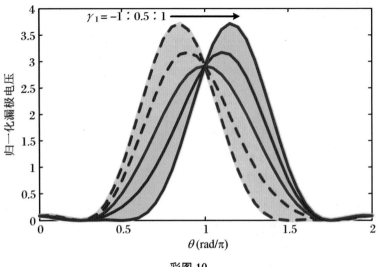

彩图 10

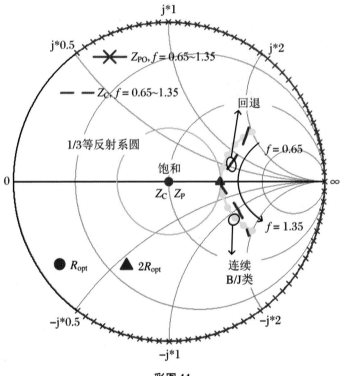

彩图 11

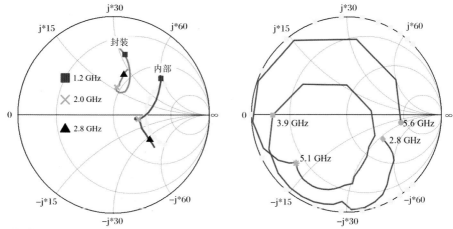

(a) 载波晶体管内部和封装平面上的基波阻抗　　(b) 电流发生器平面的二次谐波负载阻抗

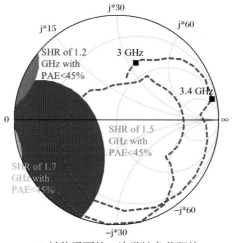

(c) 封装平面的二次谐波负载阻抗

彩图 12